只要有梦想，
无论何时
都是
最好的开始

赵彩霞 著

吉林出版集团股份有限公司

图书在版编目（CIP）数据

只要有梦想，无论何时都是最好的开始 / 赵彩霞著. — 长春：吉林出版集团股份有限公司，2018.7

ISBN 978-7-5581-5551-2

Ⅰ.①只… Ⅱ.①赵… Ⅲ.①成功心理－通俗读物 Ⅳ.①B848.4-49

中国版本图书馆CIP数据核字（2018）第158242号

只要有梦想，无论何时都是最好的开始

著　　者	赵彩霞
责任编辑	王　平　史俊南
开　　本	710mm×1000mm　1/16
字　　数	260千字
印　　张	18
版　　次	2018年11月第1版
印　　次	2018年11月第1次印刷
出　　版	吉林出版集团股份有限公司
电　　话	总编办：010-63109269
	发行部：010-67208886
印　　刷	三河市天润建兴印务有限公司

ISBN 978-7-5581-5551-2　　　　　　　　　　　定价：45.00元

版权所有　侵权必究

CONTENTS 目录

第一章　为梦想坚持努力

让你的努力配得上更好的生活 / 003

敢于尝试，也敢于放弃 / 009

想要走向成功，你得更懂得坚持 / 012

那些坚持的日子让我热泪盈眶 / 014

唯有不懈的努力才能让梦想开花 / 016

你不放弃梦想，梦想它就不会抛弃你 / 018

呵护好你的梦想 / 021

别让梦想死在了你的焦虑上 / 025

别让你的梦想只是幻想 / 029

活好自己就是人生最好的彩排 / 034

那些不曾放弃的努力，一定会成就你 / 038

别丢了你的理想 / 042

每一次的咬牙坚持都在朝最好的你靠近 / 045

只要有梦想，何时都是最好的开始 / 048

坚持是你迷惘时最该做的事 / 050

第二章　行动说明事实

如果真的想要进步，请真正开动起来吧 / 059

先天不足，后天就要更努力 / 065

努力不觉岁月苦 / 067

压力之下的超越 / 070

有时你需要选择一条更难的路去走 / 072

勇气改变处境 / 074

让你的努力值得你去获得更好 / 077

你的每一个当下都关系到你的未来 / 080

把坏日子过好是一种能力 / 084

学会分解目标 / 088

你的时间有限，所以不要为别人而活 / 091

只有努力加上聪明，才能获得更好的收益 / 094

你都没去做，凭什么说自己不行 / 098

别人的光芒终究只是你路上的风景与背景 / 103

别人在拼命努力的时候，你在干什么 / 108

请珍惜你上场的机会 / 111

第三章　认识自我，改变自我

你既然选择了远方，又何必要在乎走多远呢 / 115

想清楚，你的努力是为了谁 / 122

让自己经得起考验 / 129

我的成功靠的才不是什么运气 / 134

学会反省自我 / 138

学会和自己相亲相爱 / 140

给你的心灵减减压 / 143

带着阳光走出门 / 145

学会借力与合作 / 148

心沉下来了，努力的节奏就对了 / 151

经营好自己才能获得更好的爱情 / 155

你真的了解自己能力的局限吗 / 160

承认自己的不优秀，坦然面对自己的平凡 / 162

敢于承认自己没那么重要 / 166

第四章 失败只是一堂课

这个世界不欠你的，也不欠任何人 / 171

失败是一堂宝贵的课 / 176

坦然正视伤疤，才能获得独立生存和发展的能力 / 179

苦难是命运给你的一份厚礼 / 182

苦难是一笔财富 / 184

每个人都有权利选择人生 / 186

你不是非要成功不可 / 189

走过艰难，遇见更好的自己 / 193

痛苦和磨难的背后藏着最耀眼的光芒 / 196

面对挫折，学会坦然 / 199

走过艰难寒冷的冬天，才会迎来温暖的春天 / 203

失去不一定是损失，反倒是一种奉献 / 206

过去的失败是伤痕，也是礼物 / 209

命运从不亏待勇敢奋斗的人 / 213

你失败得越多，离成功也就越近 / 217

在胜败之间做到进退自如 / 219

哪有不弯曲的人生 / 221

第五章　这一刻便是人生

你还那么年轻，为什么就要这样放弃自己 / 225
学会享受忙里偷闲的那些悠闲时光 / 230
请在你的人生路上肆意奔跑 / 233
生活不止一条路，可每条路都有它的精彩 / 237
慢下来，静下来，你会听见岁月走过的声音 / 239
将一片澄澈温暖的青春转手给他 / 242
学会与生活和谐，看淡功利 / 244
不妨放慢你人生的节奏 / 246
人生是条单行道，容不得回头做二次的选择 / 248
人生仅有一次，请善待它 / 250
适合自己的人生就是最好的人生 / 253
安静是智者修行的境界，是心灵闲适的享受 / 256
以全新的姿态迎接新生活 / 258
生活处处皆可修行 / 261
做自己喜欢且擅长的事，才最快乐 / 265
活着就要热气腾腾 / 268
别让你的人生迷失在朋友圈 / 270
暖和了岁月，轻柔了生命 / 274
不要太着急，你的未来就在那里 / 277

第一章

为梦想
坚持努力

{ 让你的努力 配得上更好的生活 }

[1]

最近一个学设计的学妹来找我吐槽说，今年毕业校招面试了好几家时尚杂志，却全部被拒之门外，原因竟然是——看起来像个高中生。

学妹说，"看起来像个高中生"这句话狠狠地打了她的脸。

上了4年大学几乎没什么变化，打扮和气质还停留在高中阶段。而身边好多同龄的、条件还不如自己的女生，早就在大学里脱胎换骨成了"女神"。

学妹来自小城镇，家里条件并不算太好，从小被教育省吃俭用。

专业里的其他女生互相评测着口红香水、鞋子包包，而她却只能自己默默做着功课，成为了一个实打实的"理论派"。

她能将每个设计师的作品倒背如流，却连一件优衣库的衬衣也舍不得买。

她觉得，只要努力，这些未来都会有的。

理想归理想，现实还是狠狠地给了她一个大耳光，让她后悔和惊醒。

她说，早知道现实这么残酷，大学里就应该及早为自己投资，哪怕申请一张信用卡，让自己提前拥有一套完整的化妆品、一些质感好的衣服，以使自己的气质不只停留在精神层面，这样在找工作时就不会如此惊慌失措。

是啊，"惊慌失措"，不正是20多岁，一毕业就面临横跨学业、工作、婚姻三大事的年轻人们，所切肤体会到的吗？这种急剧转型令人手足无措，匆匆应对。

那些我们曾经坚信的东西，却不能在全新的试炼场上护我们一世周全。

不管我们30岁后攒了多少钱，买了多少名牌，用多少学识资历武装自己，我们初入职场时给人的第一印象，已经注定不可修改。

[2]

去年出差时认识的一个行业前辈，聚会时无意间看到他弹吉他的样子，颇有些派头，聊起来后，他跟我讲了这么一个故事。

大学时，前辈和几个喜欢音乐的朋友组了个乐队，他弹吉他，那会儿还稍微混出来点名气，有时候还会去地下乐队的演唱会弹一首。

那时候他家境不好，还要给弟弟攒学费，没钱，也舍不得买好一点的吉他，就这样一直用着高中时买的那把小破琴。

那会儿他是真把乐队当回事，梦想着有一天能真的出道。

一天排练，他们的主唱兴冲冲地跑来说，一个业界前辈帮他们在北京某音乐节争取到了一个替补演出的机会。听到消息，乐队所有人都高兴成一团，这机会太难得了。

然而，距离演出的时间，只剩下不到48小时。

当所有人欢呼雀跃的时候，他看着那把破旧的吉他，犹豫了。去往北京的机票加上住宿和买新吉他的钱，够弟弟一个学期的学费了。

后来的故事，你我都能猜到，他主动退出，放弃机会。从此以后，好多年，他便不再碰吉他。

我问他："为什么突然就那么坚决地退出了呢？"

他说，有那么一刻，他意识到，音乐不是他这样的人玩得起的。

我说:"那现在呢,还这样想么?"

他没有回答我,顿了顿,说:"从那以后,很多年我都不再和当年的乐队成员联系,其实,不是我不愿意见他们,我只是怕又想起自己当年丢掉的东西。

"如果早知自己会从事一份根本不喜欢的工作,哪怕借钱、哪怕分期买新吉他,哪怕以后再去酒吧驻唱还钱,我也会去那个演出。"

是啊,现在的他,虽然买得起10个或者更多当年梦寐以求的吉他,但音乐梦想,早就深埋进布满灰尘的角落。

那些在我们贫穷尴尬、毫无武装、手足无措时失去的机会和决定的事,却能深远地影响着我们的一生,这真的好不公平!

[3]

公司去年新来了一个小姑娘。

她刚来的时候,整天清汤挂面素面朝天,衣服换来换去就那几套,站在人堆儿里属于根本认不出来的那种。

然而后来,我却深深地记住了她。

那天早上,姑娘眼睛肿得跟核桃一样进了公司,才知道是昨晚相恋5年的男友跟她提了分手,我说你这么难过今天要不就请假吧,怎么还来得这么准时。

她淡淡地说了句:"没事,我扛得住。"

一个月后,她在公司转正,工资高了,第一件事就去申请了张信用卡,买了一个大牌手提包。

有天,她化了淡淡的,又很精致的妆容来公司,我竟然没有发现,自己身边原来有个这么美的姑娘。

在新包包、颜值的"加持"之下，姑娘工作起来比谁都有活力有干劲。年底评绩效高居部门榜首，姑娘笑起来，整个人都散发着自信的光芒。

让人难以将从前那个寡淡平凡、又被爱情伤害的可怜人，跟眼前这个耀眼的姑娘联系到一起。

年底聚餐桌上，我们聊起曾经那件事。

我问她："你是因为失恋才开始改变的吗？"

她说："是，也不是，其实我早就发现他劈腿，我甚至气愤之下，约那个女生出来见过。可是你知道吗，当时她一走进来，我就知道，我输了。"

她的脸上散发着只有高级粉底才有的光泽，她的高跟鞋，她的裙子，她的一切都让我觉得，同为女人，我们却像两个物种，我连忙把自己图便宜买的几十块钱的包往后塞了塞，生怕被她瞧见。

我说："所以你这么努力是想让自己变得跟她一样？"

她说："不是，这件事之后，我才明白，武装自己有多重要。一个人，在刚刚毕业、跟6个人挤在合租屋里、穿着地摊30块钱的衣服时，喜欢和交往的对象，跟后来化着精致妆容、脚踩高跟鞋、在职场上叱咤风云时欣赏的异性，是不可能一样的。"

我不怪他"渣"，因为现在的我，也深深体会到了这一点。

先买包再努力工作，不仅是为了能还得上信用卡，更是为了让自己的气质能配得上这个包。"

是的，我们都明白的：

一个大牌的真皮包，也许并不比几十块的包多什么功能，但它是隐性的社交语言，代替我们向他人传递着信息，它精致的纹路、一丝不苟的做工，代表着我们生活的本来面目。有了它，我们就要为不挤地铁弄坏它而努力买车，有了代步的车，我们就会为有一个自己的衣帽间安放这些美丽的包而更加努力。

促使我们拼搏成功的，不正是我们一步步的"渴望"吗？

记得《奇葩说》某集的辩题就是"该不该刷爆信用卡买一个包？"

范湉湉的观点是：买大牌包，会让自己自强不息，越来越好。

仔细想想，这句话，确实理不糙。

[4]

然而，想要在最好的年纪武装自己，又谈何容易？我们大多数人出生于普通家庭，又处在20多岁正在打拼，并没有多少财富积累的尴尬年纪。

当我们终于下定决心奖励自己一套高级化妆品、一件质感良好的衣服时，一些人们，又在暗处指指点点："你看，她多物质啊！""要还多少期呀？""有这钱干吗不存着，以后用处多着呢。"

这些话，让我们如芒刺背。

多少本该美丽、本该武装自己的岁月，一点点在舆论的压力下，不敢以光鲜面目示人，蹉跎过岁月才大悟——

谁能替我们埋单那些失去的机会和岁月？

那些曾经指指点点的人吗？

那些蹉跎了自己的岁月，反过来把价值观强加在我们身上的过来人吗？

更不见得那些价值观特"正"的过来人，人生有多成功，批评我们时底气有多足。

会花钱是本事也是智慧，会花钱，才有动力去挣钱。花钱不可怕，可怕的是人生停滞不前，不努力去挣未来。

20多岁的年轻人，总是会面临着自我实现与经济基础之间巨大的鸿沟。

舆论总在告诉我们：

该有的总会有的；提前满足自己是物欲的表现；年轻人爱花钱是洪水猛兽；透支信用卡的女人败家；你们才20多岁，能有什么自控力……

岂知，这是种看似正确的过度"保护"，它让我们相信只要自己本分为人、不渴求太多，就能收获一切顺风顺水。

多少毕业好几年的女生，不舍得吃好的穿好的，不知"You are what you wear"，结果冥冥之中失去多少升职、爱情的机会。

从18岁起，我们就已经是从原生家庭脱离的独立人，我们没有他们想的那样"幼稚""不可控"，至少，我们大部分人，清楚地知道自己在干什么。

节约永远没有错，花钱更没有错，只不过，是为了早点遇见更好的自己。

最后，祝我们认真生活，努力赚钱，好好享受生命。祝我们，都能在年轻的时候，配得上更好的生活。

{ 敢于尝试，也敢于放弃 }

"三分钟热度"绝不等于半途而废。

Laura有段时间迷上了自制果蔬汁，看过广告就立马买了一台新款榨汁机。

可是后来太忙，只用过两三次，榨汁机就扔到角落了。

朋友得知后说，你呀总是喜欢瞎折腾，感觉浪费了钱又没得到什么东西。

Laura并不赞成：谁说我没得到什么东西，至少我把它买回来的那一瞬间是心怀期待的，第一次尝到自己做的果蔬汁的时候，是满怀欣喜的啊。

Laura是美术教师，除了对画画这件事从一而终之外，好像对其他事情都是三分钟热度。

迷上了露营，买了一套全新的露营装备，结果因为一些原因露营计划被搁浅了，从那以后露营装备一直被压在箱底，没有动过。

发现自己唱歌很棒，心血来潮就下载了一个录歌软件，只录了几首歌，人气却直飙到城市榜前十名。当别人开玩笑问她要不要考虑转行做歌手的时候，Laura却把软件给卸载了。

逛街的时候看到了喜欢的裙子，Laura会毫不犹豫地把它买下来，尽管之后并不会穿上几次。

Laura就是这样的人，遇到了自己喜欢的东西，绝不会说"好贵，还是下次买吧"；遇到了自己想做的事情，绝不会说"先缓缓，明天再开始吧"。

Laura做事总是雷厉风行，开始得很快，但结束得也很快。

《太极》里有句经典台词：人一辈子，做好一件事就够了。

Laura就是把这句话贯彻到底的人，她这辈子除了一直坚持画画，对于大部分事情都是浅尝辄止。

对于Laura的生活态度，其实大多数人是不赞同的。

但Laura反驳：谁说三分钟热度就注定一事无成？人活着啊，就是追求自己想要的东西。发现有兴趣那就开始，开始后发现不喜欢，那你就放弃。

有时候三分钟热度未必是坏事，人的时间是有限的，如果你把开始的每件事都坚持到底，可能一辈子都没机会遇见自己真正喜欢的东西。

著名编剧史航先生去《奇葩说》做辩手的时候，有人说这不是个明智的选择，因为这并不是你想要的，辩论太虚，经历才真实。史航先生思考后回答："我这辈子要的，都是暂时感兴趣的东西。"

对啊，人活着最大的乐趣之一，就是去追求你暂时感兴趣的东西。

Laura说，也许露营装备没有派上用场，但买它的时候，我心里是期待的；也许录歌软件并不能为你带来收益，但听到粉丝夸奖的时候，我是享受的；也许买回来的衣服并没有机会穿几次，但把它穿到试衣镜前，看到自己美美的那一刻，我是心花怒放的。

一件事情，不管最终有没有坚持，我都在开始尝试的那一瞬间获得了别致的快感，这种心境或许难以再次获得。

"三分钟热度"让很多人会错了意，大家只看到了"三分钟"，却忽略了"热度"。

比起三分钟热度更可怕的，是你连"热"起来的勇气都没有。

比如说，你在纠结心仪的商品没有打折，决定下次来买，但当你回过头来时却发现早已售罄。

比如说，你在犹豫要不要开始减肥，一拖再拖，等到准备行动的时候，已经到了夏天。

比如说,看中一件新款羽绒服,心想等它降价吧,结果降价的时候款式已经过时了。

比起错过,还不如赶紧开始。不管最后坚持了还是放弃了,至少你都拥有过。

正所谓"车到山前必有路,船到桥头自然直",不计划太多反而能勇敢冒险。就算山前没路了,那我就换一条;即使船到桥头直不了,我还可以绕个弯。

"三分钟热度"绝不等于半途而废,它是一种自在潇洒,敢于追求也敢于放弃的生活态度。

"热"起来,才是最重要的呀。

想要走向成功，你得更懂得坚持

在前不久的同学聚会上，我们都不约而同地发现，当年那些执着的、有方向的同窗们，都已经"光宗耀祖"了：那个执迷着涂鸦的小胖现在已经是一家大型户外广告公司的总经理；那个喜欢唱歌，做梦都哼哼的美女现在已经成了一个地方的明星歌手；就连那个疯狂地迷恋理发艺术的时尚阿鹏也已经在那个小城有了3家连锁发廊……这让我们不禁感慨，有理想的人、有目标的人，更容易成功。

当然，在这个走向成功的过程中，坚持也非常重要。

在那些同学中间，也不乏理想泛滥者，今天想做歌星，明天想做诗人的同学也大有人在，他们在学校里所表现出的见异思迁，已经预示着他们的现在和过去一样。他们一直在路上，一直在寻找最适合的，他们不断涌现新的理想。其实，说是梦想更贴切些，因为，他们真正是想想而已，不付诸行动。有的，只是五分钟的热度，热情过了，就不再继续。坐在角落里的陈正，用他一贯的迷茫的眼神望着大家说："我现在看好餐饮业了，准备在这个行业大干一场，你看真功夫、肥羊王，都开了一家又一家分店，我想，只要我努力，就一定可以和他们一样，甚至超过他们……"

听他说话的同学们都静静地听，只有当年的班长给了他棒头一喝："十年过去了，你在哪个行业坚持超过一年的？你专注一点，坚持得久一点，其实你之前做的那个地产中介不错的，任何行业都有冷淡和热火的时候，不要哪个行业热，就扑进去，等冷了，就退出来。火的时候就大做，淡的时候，就蓄精养锐，拎得起，也要能扛得起……"

班长的锐气不减当年，现在的他，是一家跨国集团公司的华南区总负责人，年薪百万元……据说这是他毕业后的第二份工作，已经做了8年……从磨破嘴皮的业务员做起，从最初的月薪800元开始……

牛根生，1958年出生，从事乳业29年。1978年参加工作，种草养牛5年。1983年进入伊利，从一名洗瓶工干起，直到担任集团生产经营副总裁。1999年创办蒙牛乳业，任蒙牛乳业（集团）股份有限公司董事长兼总裁。他说："工作29年来，我只干了一件事：种草、养牛、挤牛奶。"

面对这样的职场，你还在刚进入社会的纯真里吗？面对不断涌现的各种挫折与不平，你还坚持着最初的诚实做人的信条吗？在历经数不清的打击之后，你还能在自己选择的道路上坚持行走吗？

做事业，需要专心致志的诚心，更需要耐得住寂寞，吃得起苦的坚持！人生成败，看选择；比选择还重要的，是坚持！

那些坚持的日子让我热泪盈眶

闺密，26岁，香港读博。高中时相识，一年后我读文她读理。文理的成绩无法准确对比，但从班级排名来说，她是不如我的，虽然刻苦程度我远不如她。自此认为，我的智商比她高。高考她上了二本的院校，那四年回我短信通常在凌晨之后，那个点她刚刚上完习。

3年后考研，去了北京交大，好几次打电话都说学多了胃不行，总吐。研二去了香港，成了我身边最年轻的一位女博士，每月奖学金折合人民币一万四。高中的青葱岁月，我们每天一起回家。高中后这7年多的时间里，虽然联系没断，我们的见面次数却不超过7次，原因很简单，她在学习，在准备建模比赛，在上英语辅导班，在备考，没有时间。虽然直到现在我还是认为自己智商比她高，但她的经历告诉我，人与人之间最小的差别是智商，最大的差别是坚持。

大学校友，一个和我同届学新闻的姑娘，很有女孩子特质，纤细娇小，说话细声细语，是那种我见了都想去保护的人。大四那年她和很多同学一起去电视台实习，一年多的时间里工作苦、压力大，电视台不支付工资，也没有是否能留下来的承诺，所有人都放弃了，只有她没有离开。她说这是个只要你拼命不会不出成绩的岗位。她现在工资全组最高，年薪让我羡慕得眼冒金星，可透过数字我能猜到这个外表柔弱的姑娘每天比别人多做了多少工作。

打球时崴脚，她一个人去医院看，又一个人单腿蹦回自己四楼的家；加班到半夜是常事，她就在包里装着有电棍功能的手电筒防身。说这些时她云淡风轻，我却想象着如果发生在我身上，每一件都足以让我哭泣自怜，祥林嫂般向别人倾诉许多天的。她照顾妹妹，自己供房贷，跟师傅学煲汤，和同事打球，同朋友爬山，每天的生活也丰富多彩。前不久参加她的婚礼，看着外表依然弱弱的她，知道内心坚强又坚持的她一定会幸福。

高我两届的一位师兄，在大学里的每堂课前，都为他们班的授课老师主动搬座椅，搬了整整四年。平时成绩占我们学科总分30%的比例，因为他的这一举动，所有任课老师都认识他，想必成绩上都有所优待。不是说他的行为功利化，只是觉得，即便抱着功利的目的，能四年如一日地为老师搬座椅，也足够令人钦佩，至少我坚持不下来。

上学时他是学校的贫困生，毕业后娶妻、生子，工作之余还出了本书，现在业余做电商，过着富足的小日子。去年我来石家庄时他请我吃饭，听他讲对未来生活的设想，我毫不怀疑他能实现。

我以为我受了很多苦，但是我不知道有那么多难受的人宁愿咬牙也要坚持走下去的感觉。反思自己，没有用尽全力去做一件事情，没有倾注身心去爱一样事情，更没有孤注一掷坚持过。作为拖延症重度患者，最近我体内的懒惰小孩快要将勤奋的小孩打死了。死前，勤奋小孩说，如果我们的生命不为自己留下一些让自己热泪盈眶的日子，你的生命就是白过的。

唯有不懈的努力才能让梦想开花

20岁左右的时候,初出茅庐的他指着一幅最美丽的画作呼喊:"哦,上帝啊,如果我也能像这样在画布上实现自己的梦想该多好!"画的主人大声说:"画布上的梦想!你一定要知道,必须经过成千上万次的练习,才有可能将你的梦想展现在画布上。要想达到卓越,只有一个方法,那就是不懈地努力。"

弗朗西斯·培根记下了这句话,后来,他成为20世纪英国唯一的一位享誉国际且具影响力的画家。

许多年前,一个小男孩进入了著名的哈罗公校,被插进了一个高于他年龄的班级。那里所有其他的孩子都比他多上了几年学,老师也常常责备他的迟钝,但他所有的努力都没能使他在班级最后一名的位置上有所提升。最后,这个男孩开始学习其他孩子曾学过的初级课本。他把所有玩耍的时间和许多睡觉的时间都用来掌握这些书上的基本原理:他很快就在班级里名列前茅,并最终成为哈罗学校的骄傲。

那个男孩就是后来的英国著名语言学家威廉·琼斯爵士,他的雕像直至今天还立于圣保罗大教堂,因为他是欧洲最伟大的东方学学者。

"生意成功的秘诀是什么?"有一次,美国著名航运公司威力斯的老板科尼利厄斯·范德比尔特被一个朋友追问。"秘诀?根本就没有什么秘诀!"这位航运公司老板回答说,"你所要做的就是专注于你的生意,并且勇往直前。"

后来,那位朋友领悟,如果你想采取范德比尔特的方法,那就了解你的生意，专心致志，缩减开支，直到你的财富可以使你免于遭受商业危机。

伟人的座右铭常常能使我们稍稍了解一些他们的性格和成功的秘密。"工作！工作！工作！"是画家乔舒亚·雷诺兹爵士和戴卫·威尔基爵士以及许多其他留名青史之人的座右铭。伏尔泰的座右铭是"永远工作"。意大利雕刻家迈克尔·安吉洛是一个令人惊奇的工作狂，他甚至穿着衣服睡觉，以便一醒来就能跃起身去工作。他把一块大理石放在自己的卧室里，以便在夜里醒来或失眠的时候可以工作。他最喜欢的一件作品是一个坐在推车里的老人，老人的头上有一个沙漏，雕像上刻的字是"活到老，学到老"。即使在双目失明之后，他仍然让人用轮椅推着他去贝尔威德，亲手检查那些雕像。英国政治家科布登常说的一句话是："我工作起来就像一匹一刻也不停歇的马一样。"据说，音乐家韩德尔的工作量是普通人的12倍。

有一次，一位女士向画家透纳询问他成功的秘密。

"我没有秘密，女士，只是努力工作而已。"

"这是一个许多人从来都学不会的秘密，他们之所以不能成功，因为他们无法领悟这个秘密。勤劳就是将世界由丑变美、将诅咒变为祝福的精灵。"

看看巴尔扎克的经历吧。在孤独的顶楼上，他一直在贫穷和饥饿中努力并等待着，但无论是饥饿、债务、贫穷，还是挫折，都不能促使他对自己的目标有一丝一毫的动摇。即使全世界都嘲笑他，他依然能够等待。

"人们通常都希望自己能够心灵手巧，但其实更应该对勤劳心怀感激，"爱迪生说，"诸神将各种幸福定下了高昂的代价，而只有勤劳的人才能买得起。"

努力地把梦想展现在画布上，绝非一朝一夕之事。成功有时仿如一座隐形的宫殿，你看不到它的瑰丽宏伟，也不知道它坐落何方。只有当你走完了所有必经之路后，它才会真实地呈现在你的眼前。

{ 你不放弃梦想，梦想它就不会抛弃你 }

安柏是个慢半拍girl。

她比别的小孩晚说话，牙齿比别人晚长，个头到高三才突然蹿高，情窦啊，都已经25岁了还没开。

她总说，慢点儿没关系，只要我把手伸高一点，一点再一点，总有一天，我也能摘下天上的星星，虽然可能比别人迟了一点点。

考不上大学，她就重修一年，虽然迟了点，还是跟大家站在了一个起点。

800米没别人快，就每天早起跑步，一天多跑一段，时间久了，自然也追上了大家。

刚毕业工作没别人好，就一点点积累经验，最终还是跳槽到了一家口碑很好的公司。

生活就这样被她熬成了一锅细细烹炖的慢汤。

认识李斯的时候，17岁该有的少女心姗姗迟开在了安柏的25岁。

那时候，新官上任的李斯刚和交往了5年的女朋友分手，他话很少，脸上的表情多数都像刀子般冷冽，这样一只每天把所有精力都投入到工作里的疯牛，毫无缘由地，竟然敲动了安柏的少女心。

安柏和李斯是隔壁部门，她没有表露过对他的喜欢，她每天第一个到公司，会帮李斯把桌子擦一遍，主动申请了工作量，默默地陪李斯一起加班，当公司只剩下两个人的时候，安柏望着50米外还暖黄的灯光，可以发呆一整个晚上。

刚失恋的男人再加上工作狂的属性，李斯果然没怎么注意到安柏。

安柏从来没有着急过，她偷偷在他桌上放盆栽，下雨天假装多带一把伞，加班的时候会帮他多叫一份餐。慢慢地，李斯知道了这个经常加班的勤奋女孩，加班吃晚餐的时候会和她聊聊天，后来会顺道开车送她回家，过了整整一年，他们从不太熟悉的同事变成了可以帮对方照顾汪星人的朋友。

闺密和安柏说，你也老大不小了，要不要再看看别的男人，都当了一年的朋友了，对你有感觉早表达出来了。

安柏只是笑笑说："相比天雷勾地火，我更喜欢慢慢琢磨的感情，我知道我每一天都在更加了解他，而他亦是，很多很多的喜欢积攒多了，这种习惯应该就是爱了吧。"

有人说，当你真心渴望某一件事情的时候，全宇宙都会联合起来帮助你。

在认识将近两年的时候，李斯终于爱上了安柏，而且是把那个5年的前任在心底剔除得一滴不剩的情况下，爱上了安柏。

爱情总会来，虽然可能会迟到，但只要能来，那就好。

公司规定不允许办公室恋情，那时候安柏马上面临着一个晋升机会，为了这个机会她也是等了两年。李斯说，先不公布恋情吧，这次的晋升可是你的职业理想。安柏说，我喜欢坦坦荡荡的爱情，等了2年，等到了你，我不介意再等2年，为了另一个理想。

安柏离开了公司，在新公司多花了1年的时间，还是实现了职业理想。

此时，安柏已经29岁了。她和李斯的感情很稳定，照理说一切水到渠成，他们应该结婚了。29岁的大姑娘总是有点着急的，可安柏偏不，她说，她一定要谈满两年的恋爱再结婚，这是她还没谈起恋爱前就有的坚持。

30岁的时候安柏嫁给了李斯，亦是比别人晚了些，他们32岁才要的小孩。

这个凡事都比别人迟了一点点的安柏，最终，还是把所有想摘的星星都摘了下来。

有人说，念念不忘，必有回响，我想很多时候我们不能实现一些目标，都是因为觉得路太漫长、夜色太黑而自我放弃了。在漫长的等待岁月里，安柏从来没有放弃过，她一点一点地伸手，一点一点地更靠近星空，最终，把满天的繁星变成了手中一个又一个迟到的确幸。

因为凡事都比别人慢了一拍，安柏特别注意保持自己的状态，特别是那双用来摘星星的手，她更是爱惜。

她说："即便是27岁初恋，我也要把一双初恋该有的20岁的手交到对方手中。"

她说："即便是32岁生小孩，我也要用一双25岁妈妈该有的手来柔软抚摸我的孩子。"

她说："这双为了帮我实现理想而每天操劳的手啊，不让它们变老就是我的感谢。"

呵护好你的梦想

每个人都有自己或大或小的梦想，有的天马行空，有的平凡简单。而小时候我的梦想是拥有一家填满零食的小店铺，无论我怎么吃，都有吃不完的美食。长大后，我的梦想是成为一名小小的作家，写很多很多的故事，创造一个或好几个和我有相似经历与情感的人物，无论我怎么疲惫，都不会放弃实现它的信念。

梦想无论怎么模糊，无论怎么贫穷，无论怎么颠簸，它总悄悄潜伏在我们的心底，即使微小，即使脆弱，它依然与我们的人生长久相伴。在某个安逸或迷茫的时刻，它总会像一支振奋人心的党歌，在我们耳边响起，使我们的心境永远得不到宁静，直到梦想成为无可非议的事实。

我们都是偌大世界里普普通通的一个人，每天在形色匆匆的人流中奔走，穿行于成功与失败之间；我们都是生活辛勤的耕耘者，没日没夜在嘈杂喧嚣的环境中忙碌；每一件简单琐碎的小事，我们都会费尽全部心思，将它认真解决，即使无关痛痒，也会全心全意，因为它关乎我们明天的快乐。

我们都一样，一样的善良，一样的坚强，一样全力以赴追逐我们的梦想。

我们都一样，我们无法改变出身，我们无法改变天生的某种残缺，我们无法掌控命运，但我们可以掌握一颗年轻的心，从不会把自己的梦想逼上绝路。

在看2014年10月4日的《我是演说家》节目时，意外收获了一份心灵的洗礼，一份关于成长的感悟。

中央人民广播电台，现在是北京时间10点整。晚上好，我亲爱的听众朋友们，欢迎收听调频106.6兆赫，中央人民广播电台文艺之声的《广播故事汇》节目。我是主持人丽娜，下面这个美好的夜晚，我特别想邀请你和我一起抛开一切的烦恼和疲惫，让自己的心安静下来，静静地去聆听一个盲人女孩追求梦想的故事。

8年前，一个盲人女孩独自坐上了从大连开往北京的列车，这是她第一次一个人离家，而且面对的是一个充满了未知的未来；但是她还是独自毫不犹豫地前往了，因为这是她等了很久很久的一次机会，一次可能让她抓住梦想的机会。是的，这个女孩就是我。

我还记得我刚上盲校的时候啊，才不满10岁，那个时候呢，老师就天天告诉我们说，以后啊你们一定要好好地去学习推拿，因为这将是你们以后唯一的出路。如果有人告诉你们说，你们、你们所有人都只能做同样的一件事情，去过同样一种人生的时候，你会有什么样的感受。我真的不能够明白，为什么人生刚刚开始就能够看到结局呢。我为什么不能像其他人一样去选择自己想要的生活，去做梦。如果我连做梦都不行、都不敢的话，还怎么能谈让梦想实现呢。

那是2006年的一天，一个特别偶然的机会，我在网上"看"到了北京的一家公益机构，它可以帮助盲人朋友学习播音主持。哎呀，我特别的幸福，其实那时候我一点也不了解播音主持是什么，它需要什么样的一个素质，可是我就像抓住了一根救命稻草一样，还是欣然地放弃了所有的工作，踏上了来北京的列车。我告诉自己，我一定要有一个新的开始。

现在，我还特别清晰地能够回忆起第一次上播音主持课的情景，应该说那是我人生当中真正意义上的第一堂课。当老师发出第一个声音的时候，我一下子就被他的声音吸引住了，第一次知道原来声音可以具有这么大的吸引力，而且让你觉得不舍得去触碰它。就因为这些我爱上了播音，我开始拼命地去练习，每天除了睡觉之外，可能所有的时间都在摸着盲文，去练习着每一个字的发音；确实累，但是觉得很幸福，因为我终于看到了希望，因为我终于找到了我最想要的东西。后来我参加了一个朗诵比赛，我是他们当中唯一一位盲人选手，而且获得了一个还不错的成绩，一个二等奖。之后，有一位评委，她找到我说："我是敬一丹，你想去中央人民广播电台吗？"天哪，你知道我听到这样的话会是什么样的反应吗？中央人民广播电台那是所有播音人心中的梦想，对不对？那是所有播音员心中的殿堂，对吗？所以我当然想去。一个我特别记忆犹新的冬天的清晨，一丹老师她拉着我的手，走进了中央人民广播电台的直播间，我坐到了电台的话筒前，完成了我生命中的又一个第一次。那天我真的像得到礼物的孩子一样，觉得特别的兴奋，全世界都听到了我的声音。

我想说曾经不懂事的时候，我也抱怨过命运的不公平；但是我现在并不这么认为，我觉得命运不管如何，它都不会把你逼上绝路。有时候我在想，如果我真的能够看得见的话，可能就不会像现在这样，真的去寻找一种不一样的人生。今天是2014年10月4日，跟我当初来北京的时候是同一天。站在《我是演说家》的舞台上，透过手中的这支话筒，我特别想对所有的视障人员说一句：命运虽然给了我们一双看不见明天的眼睛，但是它并没有给我们一个看不见明天的未来；我可以接受命运特殊的安排，但是绝不能够接受自己还没有奋斗过就过早地被宣判，不要把自己的梦想逼上绝路，你的潜能比你想象中更强大。

在这冷暖交织的社会中，愤怒改变不了我们窘迫的现状，颓废改变不了我们失败的事实，抱怨改变不了命运冥冥之中的安排；我们要学会处变不惊，学会用汗水洗涤失败的痛苦，学会用坚强去战胜颓废后的失落，学会用微笑去对抗命运的不公，学会用独立去代替依赖。命运设下的种种旋涡与陷阱，并不是为了迎接你华丽的摔跤或碰壁，而是为了让你在充满压力与危险的处境中，学会一个人独立成长。

那些年，那些月，那些天，那些夜，很多的事情很多的人，我们都不能把他们强行占有，自私贪婪将他们绑在身边，不能给他们最好的照顾与温暖，并不是我们的过错，而是我们成长的需要。在我们曾经爱过他们的那些短暂岁月里，我们或许是世上最幸福的人，只是那些日子已成过去，要留也留不住，我们要做的是更加坚强，不为活着，只为让他们看到，我们平平安安的。关于爱情，我们都知道爱有时候不可以乞求，如果我们能够为爱情做一件事，甘愿为爱冒一次险，那便是长久的等待，哪怕到最后只剩我们当中一人孤独终老，也没有丝毫的怨恨，因为爱过，便会无悔。

我们要学会知足常乐，在平淡如水的日子里演绎那个不平凡的自己，用一颗简单的心去感受生活的波澜壮阔。很多时候，我们富了口袋，但穷了脑袋；我们有梦想，但缺少了思想。在我们孑然一身的时候，其实我们并不是真正的贫穷，因为我们还有口袋里沉甸甸的梦想。

我们都一样，一样的善良，一样的坚强，一样全力以赴追逐我们的梦想。

我们都一样，我们无法改变出身，我们无法改变天生和某种残缺，我们无法掌控命运，但我们可以掌握一颗年轻的心，从不会把自己的梦想逼上绝路，而是将它好好呵护，让它在风雨之中长出一片片嫩绿的青葱。

{ 别让梦想死在了你的焦虑上 }

你有没有过因为焦虑而优柔寡断、自我怀疑？开始一个新项目，或是想融入一个新的群体，心里会不会七上八下、忐忑不安甚至有些恐惧？参加徒步旅行俱乐部，或是加入自愿组织在网上晒自己的约会档案、减肥记录，或写博客等，把自己的爱好做成事业……这些事情看上去既有趣又有意义，你心生向往跃跃欲试，但最终是不是还是为自己编了一堆理由放弃，只因为其中可能存在的风险？是不是做了无数研究但就是没法做出行动把想法变成现实？如果这是你，那么焦虑和过度谨慎可能已经妨碍你追逐梦想、过上有意义且充实的生活了。逃避只会恶性循环让你更加不自信，而开始行动则会建立正向回路让你自然而然减少焦虑。那么怎么开始呢？以下的策略提供了一条向前进的路，为你开启追求理想生活的第一步！

[不要坐等焦虑减轻]

焦虑根植于我们的天性之中，它不会自己减轻。人类的大脑生来就憎恶不确定性、不可预计性和变化，只是有些人天生焦虑易感性更高。然而当你顶着焦虑采取行动朝着目标迈进时，大脑会重新评估，并告诉你其实不确定性也没有那么危险，这就是成功的第一步。随着时间的推移，慢慢地你会建立一种自我效能感，即使感到焦虑，你也会认为自己有行动能力并且能够通过行动获得成功。

[设立适合自己的、符合实际的目标]

我们都有不同的性格、脾气和喜好。并不是每个人都想成为律师，或者朋友成群、跑马拉松、瘦成闪电或者坐拥豪宅。焦虑让你觉得自己没有别人有天分、有竞争力，甚至不像别人一样值得被爱。如果你不了解真正的自己，在设立目标时，你很有可能会仿照你的朋友甚至邻居，去做一些社会认可的事情或是满足他人的期望。这种情况下设立的目标很难成为长期坚持的目标，尤其是那些你并非真正热爱的事情。与其总是想你"应该"做什么，不如换个角度想想你真正想要什么，说不定你是个有创造力的人，或是想要生活工作平衡、想去旅行、活得更健康，又或者你只是想找个可心的人。不管你想要什么，想清楚，然后找到最容易入手的事情行动起来。把目标用具体的可量化的方式表达，比如："下周散步3次，每次20分钟。"切记，不要想一步登天，一口吃成个胖子，另外达成目标最好是内部动机驱动，而不是为了取悦他人。

[信任过程]

马丁·路德·金说过："信念，就是即使看不到长阶通向何方，却仍愿意迈出第一步。"

即使一开始没有，但只要你迈出了第一步，信念就会随之而来。做得越多，成功的可能性就越高，慢慢地你会相信自己，相信过程，相信世界。我的博客常常开始于我完全不知道要写些什么的时候。我知道只要我有东西要分享，并真心诚意地想帮助读者，内容自然而然就会出现。很多作家都会告诉你，当开始写作的时候，随着焦虑慢慢减少，到最后只剩下故事和传递想法的纯真热情，这个时候你的想法和创造性的作品自然而然就出来了。这个道理同样适用于生活的其他方面，比如开始一份新工作、新项目、新恋情或是新的投资项目。

[不要小题大做]

面对风险，焦虑的人习惯性地关注坏的结果，而面对负性结果时，他们也更倾向关注这个结果到底会坏到什么程度。他们会想，去约会如果遇到奇葩怎么办？万一我看对了眼别人会不会再联络我？投资创业失败了怎么办？换工作投简历没有反馈怎么办？不换工作当前的状态又让自己痛苦不堪怎么办？这些结果都不是我们想要的，但是它们到底有多糟呢？比罹患癌症更糟糕？还是比家人离世更糟糕？我相信答案一定是"不"！那么你能挺过去吗？你有应对的策略吗？或者等下次换个方式再试试？我相信你可以的！焦虑让你过度高估了采取行动的风险，但是不是也该考虑考虑一直处在糟糕状况下的风险呢？时过境迁，回想当年，你是否会遗憾面对梦想，你竟然试都没试就放弃了？

[做自己的啦啦队长，而不是自我批评家]

追逐梦想是艰难的，沿途要面对无数不可避免的阻碍和失败。有些事情结果可能不那么完美，这时千万不要打击自己，给自己增加障碍。人生许多重要的成功都有些运气的成分在里面。我们只能控制自己，不能左右他人和环境。你可以为自己辩护，也会因此而受到批评和打压，但是这并不意味着你做错了什么。大脑天生就关注负性信息，那是因为它的机制是以保护为中心，而不是提升为中心的。要克服这种偏差，你必须刻意关注事情的积极方面。认可自己的冒险行为，适应不安，或者当你想蜷在家里沙发上什么都不做时，表现出来。你不能控制结果，但你可以鼓励自己在过程中付出的努力，这样你就能一直保持动力。

有了这些方法，你可以开始试着掌控焦虑，而不是让它掌控你。不能完全摆脱焦虑一点关系都没有（好像也不太可能）。即便如此，你还是可以选择向前进，采取结构化的行动，从而构建心理韧性和自信，为获得充实、有意义的生活创造可能性。

这很不容易，但是我相信值得一试！

别让你的梦想只是幻想

说不清是从什么时候开始，不再随便兴致勃勃地跟人聊梦想，甚至开始厌恶那些只说不做的嘴脸，冷静下来才发现，那厌恶其实是冲着自己来的，口口声声说着梦想，却只会镜花水月地给自己希翼的未来打白条，着实可恶。

经历过那些只是拥有梦想就觉得幸福，哪怕只是谈到都觉得兴奋的年纪，当现实中的不如意不能再用对生活一而再，再而三的迁就、将就，甚至是妥协来抚慰的时候，你突然发现平日里说得风生水起的那些所谓的梦想，除了想一想，就只剩下偶尔才会出现在深夜酣睡时，或白日无聊发呆时的梦中。

当然，人的日子不是不能这么过下去，当你发现身边绝大部分的人都是这样生活的时候，要从中跳脱是需要愚公移山的勇气的，一则要有持之以恒的耐力，二则要做好抵御孤军奋战时的孤独。

儿时的我极爱童话，也爱给小朋友们讲那些被我吸收后深加工过的故事，每当看到大家津津有味的样子，我想长大以后或许我能成为童话作家，写像《豪夫童话》里《矮子鼻儿》那样的画面感十足、情节跌宕起伏的故事……可后来老爸说："作家？饭都吃不饱。"想来，填饱肚子还是很重要的，当作家吃不饱饭，那算了吧。

少年时，我画得一手好画，对家居设计甚是喜欢，我的启蒙老师又一直认为我是个在美术方面极有造诣的孩子，在给我开了几年的私灶之后，当她因私人原因必须离开我们生活的城市时，还特意给我写了一张现在看来类似推荐信的字条，让我的父母带着我去找她早已退休的恩师，让那位据说退休已久早不再收学生的、很厉害的老师能破例将我收入门下。还记得那长着圆圆脸、面色若桃花的女老师将字条递到我手里，扶着我的肩膀语重心长地叮嘱说："别忘了，一定要让你父母带着你去拜访。"像天将降大任般，我心里满是得意地将字条和原话带给了我的父亲，告诉他我将来长大了要做室内设计师，老爸说："室内设计师？都养不活自己。"养不活自己！那怎么办？还是不要做了，再想想吧。

上大学前的几年间，我想过要做心理医生，可老爸说中国的心理学发展滞后。我说要做律师，老爸说中国自己的法律都不健全……如果说考大学选专业算是为实现梦想埋下根基的话，那最后经过一轮又一轮的排除法、比较法之后定下的电子信息工程，算是基本满足了我懵懂的认知，又符合老爸对我未来出路的想象。可这么多年下来，看看我现在的生命轨迹，早就不知跑偏了多少。

曾经受杂志的邀约写过一篇主题关于父母是祸害的文章，内容大致说的就是我那些早年被"老爸说"掐死在襁褓中、夭折的梦想。现在想来幼稚得很，其实没有人能扼杀你的梦想，除了你自己。没能坚持并不是因为那句"吃不饱饭"或是"养不活自己"，而是当时对于自己的不确定和对世界的陌生感，与人无关。

诺贝尔文学奖获得者乔瑟夫·布罗德斯基曾经说过："一个人的首要任务在于掌控属于他自己的生活，而不是外界给他强加或规定的生活，不管那种生活表面上看起来有多高贵。因为人的生命只有一次，如果把这仅有一次的生命耗费在别人的表象和经验上，那只会让我们悔恨万分。"

在梦想初长成的年纪，对于自我和人生本身都缺乏了解，更何来经验之说，唯一庆幸的是，虽然懵懂，虽然无知，但却倔强得不肯将他人双手奉上的经验据为己有，即便跌跌撞撞也要自己往前走。

我遇见过一个在路边卖唱的男孩，每天风雨无阻，他带着他那把花200元钱淘来的二手电吉他，一手拖着一个湛蓝色的，像更多时候出现在早市中，主妇们用来盛新鲜蔬果的尼龙布编织拖车。轱辘和地面摩擦发出均匀的沙沙的声响，他极小心稳当，因为里面装着朋友买来送他的音响。

我认识他的时候，他才23岁，守过地下通道，唱过地下铁，上过《非你莫属》，后来托朋友的福在北京世贸天街的天幕下有了一个固定卖唱的位置。他和我们认知里的那些在街边拖个破音响唱歌讨生活的人最大的不同在于，他正经大学美声专业毕业，和所有来北京的搞音乐的那些北漂一样，希望有一天能出人头地，只是他选择了一条让人跌破眼镜的道儿。

那几年，卖唱所得几乎是他唯一的收入，一首原创歌曲《妈妈对不起》因为上了《非你莫属》让他多少赚得了些掌声和知名度。然而现实却是，他的妈妈在他到北京的第3年才第一次从电视节目里知道自己的儿子居然在地铁里卖唱。拨通他的电话哭着埋怨道，"你可把我们家人的脸都丢完了！你在哪儿唱不好，还跑人家车上去了。"可妈妈不知道，那段视频播出之时，男孩其实已经在街头唱歌有1年半的时间了。

第一次上地铁唱歌，第一次听到有人带着鄙夷的口气说："什么玩意儿，哪儿都唱"，还有那第一次带着讥讽语气的"要饭的"都像玻璃弹珠弹啊弹啊弹进男孩的心里，长长的尾音许久都不落。

今天我依旧记得男孩用那双清澈的眼睛看着我，说："为什么我还在上面唱，因为我发现每天掌声都比那些骂你的声音多。我不可能因为几千人中有几个骂的就放弃，如果你是因为他们而活，那你就自暴自弃去吧。我想要做得更好给支持我的人看。"

想来别人的事与己何干，我们通常连自己都搞不定，到头来还怪现实和梦想之间有着如鸿沟般的距离。说真的，那"距离"大多数时间都是凭空臆想出来的，有几个人真正见过，都没去实践过！

男孩的坚持总算有了回报，从他的微博上知道，后来有唱片公司签了他。我相信这并不是他寻梦的终点，甚至这也不一定就是他梦想的Happy Ending，但至少他阶段性地实现了他的梦想，待白驹过隙，即便只是回忆也是极好的。

人生来有惰性，总需要些刺激，至少我是如此。面对挑战，我会害怕，想要逃避。这种时候就需要些将我往前推的刺激，这些年我记者生涯中遇到的那些人，那些事，给了我不少正能量。每当我开始满足现状，向下比较的时候，就会有这样的故事出现，羞得我无地自容。我总是不停地问自己："你真正想要的是什么？你真的已经得到了吗？你能得到吗？怎么才能得到？"这样的问题我问过自己千遍万遍，不是每次都有答案，但却每次都能让我振作，正视自身存在的问题。

还清楚地记得第一次面对未来生活坐立不安、无限恐慌的那年，也是朋友们觉得我在报社过得最滋润的那些日子。松散的工作时间，大权在握的工作，吃香喝辣的生活……致使在离开报社北上的很长一段时间里，亲密的朋友还是会问，"我实在搞不懂，放着这样风生水起的日子不过，你为什么要跑到北京去受那份罪？"当时没人能看到我在面对未来一眼就能望到头的日子的那种恐慌和绝望。长辈说："你是个心很大的孩子。"我是吗？我不确定，对于北京，我向往的不是那所谓的大城市的生活，只是单纯地以为那里可以成就我对职业的梦想。

渐渐的，我才懂得课本里说的近期目标和远期目标指的就是梦想的阶段性，而梦想在付诸行动之后就被俗称为目标。在实现目标的路途中，我希望能与谁为伍，所以我喜欢那些对生活充满热情、行动力强的人，在人的劣根性面前，携手共进是最好的抗体。那些被提及的梦想，是因为存在着实现的可能才被称为梦想的，不然就只能是幻想。

在这个梦想泛滥的时代，人人都在高谈阔论着所谓的梦想，可未必人人都知道那究竟是什么。我已经厌倦了只说不做的短暂兴奋感，那随之而来的失落才如黑洞一般把人的热情一点点啃食干净。

我是个倔强的姑娘，我不甘心这一生没能做一件我愿为其倾尽所有智慧和努力的事，那将是何等的遗憾，对不起来世上走这一遭，也对不起为了找到它，这一路走来的挫折和坎坷。

活好自己就是人生最好的彩排

从小到大，我们都活在别人"精彩"的阴影里。

小学时最常听到的就是谁谁家的孩子读书多好，你那么好的条件，就考这个成绩？

这个还算一级恐怖，心理的阴影面积随着年龄正比成倍增长。

比如上大学时，高中同学聚会永远只能听别人聊大学的精彩，好不容易想开个口说说自己的大学生活。别人问你在哪个大学读书？一句话就能把你噎死，这得鼓起多大的勇气才能说出自己在京西技校啊！

工作后，会有很多人问你：在那买房了吗？你嫁的人有钱吗？婚礼打算在哪个小岛举办？你家的小孩喝哪个国家的牛奶？

其实这些时候，我相信很多人都想说一句：反正喝的不是三鹿！

在北京这些年，我听过最多的问题除了什么时候结婚，就是你在北京买房了吗？

其实我身边的很多同事一开始也并不想成为房奴，只不过总有各种压力和信号告诉他们只有买房子了才能结婚，只有买房子了才叫过生活。

可是回头想想，这是真的精彩生活吗？

我有很多同事，原本租在公司附近，后来为了精彩生活，东拼西凑几十万付了首付在"六环"的昌平、廊坊、燕郊买了个不到100平方米的房子，然后月供近1万开始了长达几十年的房奴长征。

这还只是开始，原本他们上班需要10分钟，自从有了房子后早上8点开车的能从燕郊一路堵到中午。从昌平坐地铁的同胞们，且不说要在地铁里晃悠2个小时，你还记得在西二旗挤地铁的日子吗？传说中的不用走路后面有人推着你前进就是从这里开始。

过了几年实在受不了继续在市区租房子，然后买的房子租不出去，放着养蚊子。

按他们的话说：这不叫精彩，叫很无奈！

当然，如果我们所谓的精彩生活是建立在扣掉父母辛苦一辈子积累下来的所有财富，也就是他们挂在口中说的棺材本，那么我们会过得精彩吗？

所以，不必羡慕别人有房，起码我们自给自足不啃老，虽然不出彩，但过得自在。

前HR同事是杭州人，交流比较多，我经常开玩笑叫她大表姐。

大表姐同居的男朋友是山西的，从大学长跑8年在所有人眼里基本算是一辈子就差生猴子，有一次吃饭时她跟我吐露心里话，竟然是——不知道要不要嫁给他？

我愣了，说："大表姐你拉倒吧，就你这样有人要就不错了，而且都同居那么久了你这支股票谁还敢接盘啊，万一喜当爹什么的就不好了，你还犹豫个毛球。"

大表姐习惯了我的蝎子毒，只是笑了笑，接着叹了口气说："你不知道，我妈妈一直给我压力，她不喜欢我男朋友。"

我说："别扯，是你嫁给他又不是你妈。"

大表姐说："唉，我妈妈不喜欢也是有道理的。"

我说："我见过你男朋友，虽然跟我没法比，但发照片到朋友圈还是值得点赞的，难道是他传播文明火种能力不足？"

大表姐着急了，原来根本原因是他家没钱，大表姐的妈妈有一群发小兼麻友的闺密，整天对比嫁女儿这事，一个比一个嫁得精彩，大表姐是最后一个，她妈妈表示压力很大，所以嫁女儿的条件就是：北京一套房子，一百万礼金，婚礼在马尔代夫举办……

我真不知道她是在卖女儿还是在嫁女儿，正想劝下大表姐时，她郁闷地说自己也犹豫，因为所有闺密都嫁给了有钱人，过得很精彩。她可以想象如果嫁给了男朋友未来的生活就是精打细算、柴米油盐，完全买不起什么奢侈品。

我说："大表姐你别胡思乱想了，什么'霸道总裁爱上我'都是骗人的，别人有别人的精彩生活但也有别人的不幸福，愿意陪你一辈子柴米油盐的，才是真正的浪漫满屋。"

大表姐一听，马上奔去找男朋友领证，哈哈，夸张了，领证是后来的事。

后来大表姐终于结婚了，婚礼在山西的某个小镇，她的小叔子开着三轮载着我们去参加喜宴，田间的风吹来时，我在想，别羡慕了，这难道不也是属于自己的一种精彩吗？你看大家多自在。

文学社的学妹来北京玩，约我吃饭。

瞎聊时她抱怨说马上要毕业找工作了，跟那些211毕业的学生一比，完全没有竞争力。

我说："你真的觉得那些重点大学毕业的学生找工作就很容易吗？"

学妹反问："不是经常说好的出身才有精彩的人生吗？"

我说："我有个歌手朋友，清华建筑系毕业，平时聊天他经常说在他们清华世界观里，全国好的大学只有两所：一所叫清华，一所叫北大，剩下的都是三流大学。虽然他说得有点夸张，但是不无道理，光北京地区就有那么多重点大学，有什么好显摆的，再牛的大学毕业了一样辛苦地找工作，毕业就是失业，大家都是无业青年，身份都一样，没什么好自卑的，又有什么必要羡慕别人的精彩？"

小学妹一听，觉得有道理，又继续问："学长这么一说我欣慰很多，但是有很多用人单位只要211毕业的学生，像我们这种普通高校毕业又没有经验的怎么活啊？"

我说："难道学长跟你不是一个学校毕业的吗？我就不用来北京工作啦？"

她说："但是对于我来说学长就像开了外挂一样存在着，不一样啊。"

我笑了笑说："又回到开头的话题上，大家都一样，不要盲目羡慕别人所谓的精彩。"

随后我跟她解释了下这些年在公司的招聘经验，对于大多数的用人单位来说，哪个学校毕业的他们真的只是参考不会一棍子打死，谁都是从没有经验的新人开始学起，除了能力和经验他们要的更多的是潜力和激情。

因此对于招聘公司来说，招聘一个有潜力、有激情的可塑造的新人比招聘一个所谓有经验的老油条靠谱得多。

学妹的世界观像是被我刷新一遍似的，惊讶了下随后表示认同。

高考只不过是人生的一趟火车罢了，重点高校的是卧铺，普通高校是硬座，毕业就是终点站，到站了大家都要下车。如果把所有时间都用在羡慕，将永远羡慕下去，我们要做的就是在后续的职场生活中发挥自己的特长。做到别人有别人的精彩，我们有我们的长远安排。

是啊，就仿佛我们的现实生活一样，既然我们不会投胎没法投个富二代就不用在意别人朋友圈各种晒，管他们上山下海，活好自己就是人生最好的彩排。

所以，我们不用羡慕别人的精彩，相信老天自有安排，相信脚踏实地做好自己，就活得潇洒自在。

那些不曾放弃的努力，一定会成就你

[1]

在奔三这件事上，有些人总是显得格外在意。虽然我们一再提倡，不必拿年龄来说事，重要的是要有年轻的心，要放宽心胸，要懂得保养。可是，身体机能的逐步下降，熬夜再也不能任性而为之，出门要化妆的脸，无时无刻不在提醒着你，随着年龄渐长，确实没有了20多岁时候的激情和热情。

这一点，在止步不前还是要坚持之间显得格外明显。重要的是，很多人在这样的岁月静好里，屈从于现实的妥协，对很多从前热爱痴迷的事情，变得敷衍起来。仿佛现世安稳便是人生所求，积极主动地再如上学时代一般追求自己想要的事情就遥不可及。那些曾经想要做的事，就都散了吧，谁要过得那么累呢？

闺密说，她觉得累一点挺好的。

作为一个职场妈妈，孩子一周岁之前，她的生活基本处于"在路上"的状态。

她是母乳喂养的忠实拥护者，9点去公司，11点半匆忙驱车回家喂孩子，下午1点半又赶回公司工作。实在脱不开身的时候，让保姆或者家人将孩子抱来公司。最后，甚至用上了挤奶器，储存一部分母乳在冰箱里。

疲惫成了生活的常态，甚至连婆婆都看不下去，劝她说："不如就戒掉母乳吧，反正一周岁也差不多了，来回跑太辛苦，看你都累成什么样了。"母亲也来做说客："辞职在家看孩子吧，又不缺你这点钱花，差不多就得了。"

闺密说还没累到那个地步。她就这样坚持了两年。两年之后，孩子戒掉母乳，她再不必总是奔走于路上，终于可以安心地上一天完整的班，她自己都觉得松了一口气。

原以为她从此过上了王子与公主般恬静安然的生活，可以好好地做个贤妻良母，谁想到，好久不见，再会面的时候，她的档期竟比从前排得更满。

她在职场的位置已然是管理层，手下有四五个姑娘、两三位男士，她走路腰板挺直、干练有加，高跟鞋走在路上掷地有声。文可做方案、写报告、开会连轴转，武能左手抱孩子、右手拎十几斤的水果蔬菜走两公里。在此之外，她还加盟了一个品牌服装的连锁，入驻商场女装楼层最显眼的位置，成为真正的老板娘。

这个女子，完成了家庭与职场之间的平衡，并在其中寻求了一条可持续发展的道路。一路荆棘，却走得津津有味，最终豁然开朗。

当她有更多新鲜话题可以与儿子畅聊，而不是止于对孩子的唠叨和责怪；当她以身作则被儿子称赞漂亮优雅，而不是穿着拖鞋和没有熨平的外套出门；当她与先生去欧洲旅行，夜晚喝点红酒、聊聊投资，而不是只说东家长李家短的时候，她会觉得不能放弃，自己还可以再坚持，生活还可以过得更好，还可以按照自己想要的模样再次开花，以执着，以热情。

在她奋斗的过程中，历经众人的白眼和不支持，也一度因为得不到理解并纠结是否应该选择安稳一点的日子而哭泣。只是黎明到来之前，她又再次下定决心，誓将温柔的磨炼进行到底。

[2]

每个人，都会有无数次想要放弃的时刻。但没有波澜，就代表着没有好奇与发现，生活就少了很多乐趣。

合作伙伴中有个女人，典型的天不怕地不怕作风。前不久生了二胎，我去看她，从我进门到我离开，她一直在接电话。一个躺在床上坐月子的女人，没办法出门，只好远程遥控。我劝她把生意交给公司的人去做，交给老公去做，自己这么拼，累不累啊？

她笑道，一些大的客户必须要亲自对接的，没办法，确实挺累，做梦都在签合同，也想过要不就不做这些生意了，反正在坐月子，丢几单也没什么。但是下一秒就又想，不做可不行啊，孩子的奶粉、纸尿裤、安全座椅……都得花钱。

这不，孩子才刚满月，她就跑去外地出差了。

一个女性朋友减肥，她的体重用她自己的话来说就是已经算得上滚圆了。她誓言一定要瘦下去，每晚坚持夜跑并在睡前做20分钟平板支撑，结果第二天就会与我们诉苦，不想坚持了，太累。

可是一想到商场里看上却穿不上的裙子，一想起自己照镜子的时候嫌弃自己，便决定再试试，说不定哪一天，运动见成效。

[3]

真正的生活应该是细水长流，没有人可以一下子从贫穷变成百万富翁，都是经历了千疮百孔。你看有人光鲜亮丽、风头正劲，可能在他（她）的背后，正在经历需要熬一熬的寒冬。

你也一样。等一切水到渠成的时候，你大概都不曾想到，原来你也可以如此强大。那些坚持终会值得，那些不曾放弃的努力，一定会成就你。

不是没想过放弃，就是觉得还能再坚持。

{ 别丢了你的理想 }

晚上洗了澡下楼透透气，在小区遇到一同长大的老友，我给他发了根烟，相互聊了聊，他说他已经领证了，年底就结婚。他女朋友我见过，长得不算漂亮，他说能过日子就成。我和他聊起工作情况，他说工资不算太高，省着点花也够。

我这老友进入社会比较早，当年只是念了所中专，毕业也才19岁。顺利的是当年他没有什么想法，没有硬着头皮出去闯荡摆脱平庸的一腔热血，他没有撞过什么南墙，所以即使生活再平庸，他也没怎么抱怨过。

我们这儿小镇有一家钢厂，属于百强企业，很多人把进入这家钢厂当成了理想。我爸曾经对我说，你出去飞得再远，也得回来，你就属于这儿。我爸就是这家钢厂的一名员工，他这话笃定了我不会有出息。

我这个老友当年毕业以后和多数刚毕业的学生一样，也没找到什么好工作，被人骗过，每月入不敷出，但幸运的是这样的日子他只过了3个月，3个月以后，他顺利进了这家钢厂。刚进去工资也不多，但福利待遇好，而且他是本地人，每年还会有各种补贴，所以那时候他的工资加上各种补贴也能将近3000元。工作情况是三班制，操作机器，基本上不用干活，每天只是闲坐着。

这样的日子他过了4年。如今这家钢厂的规章制度逐步完善起来，对于招收进来的人有了限制，学历要求也比较高，很难有人能混成我老友那样，而且多数也得凭关系。现在我这老友月工资3000多，将近4000，5年下来没有涨多少。而他女朋友，今年年底将会是他老婆，在电信营业厅工作，每月工资2500元左右。

他们两人现在跟我这老友的父母住在一块儿，计划结了婚以后继续住一阵子，可能3年，也可能5年，因为村里分配的一套房子还没拿到手，这套房子他们得花15万左右，即使拿到了手装修也得再花上20多万，加上年底他们还要结婚，这几笔费用加在一起，我这老友承担不起。

老友对我说一家人省吃俭用，养家糊口在将来供小孩上学不是特别困难的事，他们跟我说他们开始计划着将来，每一笔钱都得计划着用。他对我说他没有理想，害怕天亮。我不以为然。这是一个苏南小镇一个普通人的普通生活。

这座城市的另一边住着我的一个同事，他是苏北人，年纪将近40。他有4个孩子，说到这儿，你们也许能够猜出来了，前3个是女儿，最后一个是儿子。他现在的压力是一般人的4倍，我不知道他是怎么想的。

我这个同事的月工资不及我的老友，总之他的日子是真不好过，平常他很少买东西，住在公司给他安排的宿舍，吃饭在食堂，很少请客吃饭。每月往家里寄钱，自己留下很少的一部分，不抽烟不喝酒，两套西装，常年换着穿。

在这公司他干了四五年，由于工作原因经常调动，下面哪个分部缺人他就被派过去顶着，等人来了他再调回总部。升职没什么指望，符合升职条件的员工排着队，怎么都轮不到他。

他想出去闯荡，自己试着做点生意，年龄不合适，而且有4个孩子，万一失败，孩子们的花销成了问题。他说他要换工作，我知道这话他说了两年了，两年内他偷偷面试了多家企业，对方给出的条件都差不多，有的条件甚至还不如，他只得继续在这家公司耗着。拿什么去耗？青春？青春他没有了。他拿自己的岁月，拿孩子的将来让自己耗着。他输不起，他甚至连筹码都没有。他对我说如果让他回到我这个年龄一定重头开始，不生4个孩子，找一份更有前途的工作，可是岁月从不回头。

他现在最大的愿望就是他的4个孩子能够顺顺利利地把书念完，也不奢望买房，因为他根本买不起。至于未来在哪儿，我这同事说希望20年后退休了别再这么操心，退休后尽量活得长久，不然工作时缴纳的各种社保享受不了多少年，自己就比较亏。可是现在退休年龄延长到了65岁，这就证明他还得多为这个国家付出5年的劳动才能享受到退休后的各种福利待遇。

至于理想，当你还在学校的时候整天叫嚷的那也许叫理想。至于你工作以后，没有人会跟你谈论理想，他们会笑话你，他们只跟你谈论今天吃什么，或许升职加薪那才叫理想。我跟一个有点想法的朋友聊起天，他说，你去北京，那是座有理想的城市，那儿有大批的艺术家，尽管他们吃不饱饭，可他们就是比我们了不起，可是他们40多岁了，依旧像条狗。

很多人在进入社会以后活得不像个人样，总是对着各个领导低头认错，尽管他没有做错任何事，可是你要学会圆滑。我这个老友的前途可能不会再有多大变化了，可他靠着地理优势、福利待遇过得也还不错，他离不开这个小镇，他的工作没有任何技术含量，辞职后找工作，只有工厂会要他。即使他想摆脱这一切，那也很困难，他的起点太低了。

我很久不看电视剧了，偶尔看了一次，发现里面描绘的世界不属于我们这个年代，导演是拍给上流社会看的，主角们从不工作，整天喝得醉醺醺的，兄弟之间的女人丝毫不嫌弃轮流换，把爱挂嘴边，在雨天喊得那么大声，可是对任何一个女人都不用负责，因为他说我还想再玩几年，毕竟我年轻。

也许我们这个阶层终究是平凡的，平凡到像坨屎，都没有人正眼瞧你一眼，这么个平凡的世界谁愿意去看。他们关起了直播说起了悄悄话：你们在底层老老实实地给我们垒金字塔，你们建得越高我们升得越快；他们开起了直播说起了成绩：我们讲讲我们21世纪飞速奔向小康社会的故事，那是一个春天。

{ 每一次的咬牙坚持 都在朝最好的你靠近 }

最近又到了毕业季，时常会有一些准备毕业的学弟、学妹向我吐槽，说自己实习的工作单位领导不好，准备炒老板鱿鱼。也有一些已经找到工作了的，问我怎么样找到更好的单位，说现在的工作这也不好那也不如意，不能达到自己预期的期望。这个问题，我觉得好难回答。

在我眼里，公司、领导或者同事都没有绝对的好和坏，每个公司、每个领导、每个同事都有好的一面，也有可能不是那么好的一面，重要的是我们如何看待这些好和坏，如何学会让这些资源变成自己成长和历练的好帮手。

就我个人而言，至今已经工作了6年时间，从事过几份工作，进入过几家公司，遇到过形形色色的人。这些公司有大有小，有比较团结的也有喜欢拉帮结派的。遇到过的领导，也是五花八门，有很关心下属的，有漠不关心的，也有过百般刁难的。同事更是不用说了，什么样的都有，有阿谀逢迎喜欢拍马屁的，有埋头苦干默默无闻的，也有雷厉风行敢说敢做的。可以说这6年的经历，远比我读十几年书对这个社会的了解要深透得多。

刚刚毕业的时候，我也总觉得能够遇到一个好公司、遇到一个好领导、遇到一帮好同事是件特别幸福的事情，总想着如果自己毕业后能够如愿以偿遇到这么好的公司，该有多好。后来慢慢发现，这样的公司也不是那么容易遇见的；相反，如果想着结果会更糟糕，可能遇到的反而没那么糟糕。仔细回忆，我自认为在自己的求职生涯中，曾经遇到过一个不错的公司，那个公司领导非常开明，同事之间相处很愉快，工作效率非常高，没事的时候我们总是有说有笑，其乐融融的。那时候，全公司人在一起吃饭，觉得像一个大家庭的感觉，特别开心。初涉职场的我以为这样的局面会持续很久，可好景不长，没多久的一次中层领导变动，搅乱了整个格局，确切地说是因为竞争的关系，新进的领导和先前的领导时常因为观点不同发生摩擦，在处理一些问题上总是各自为政、互不相让，而下面的人也开始分成两派，你我都互不相让，谁都看谁不顺眼，整个局面就变得特别糟糕。很多同事对这样的大环境感到不适应，陆陆续续走了。只有少部分人因为谋生的原因，即使环境变得再不好，也不得不咬牙坚持，我就是其中的一员。

记得那些日子，领导之间明争暗斗得非常厉害，各个都互不相让，下面的一些人，自然成为了领导斗争的牺牲品，我们就是处于两头不是人的状态。有时候这个领导刚刚叫我们干这样的活，那个又压一堆任务给我们，加班加点是家常便饭。最难过的是，当我们没日没夜做出成果时，领导各持一词，最后我们不仅吃力不讨好，还哪边都得罪不起，一个事情往往要提供多个选项，这让我们感到特别的崩溃。为了发泄情绪，很多时候，我们只能一边强装微笑接过任务，一边相互吐槽和诉苦，有些性格急躁的同事甚至都还爆粗口，可就算这样，为了生活，我们还得继续坚持。至少我是没敢抱怨太多，因为谋生的问题摆在眼前，你不做照样有人做，这个世界上最不缺的就是随时可以替代我们的人。

想到这些，我就告诉自己，不管现在多苦多累，都是一个积累的过程，有一天也许我们会庆幸自己曾经努力过、苦痛过。果不其然，在那里咬牙坚持的日子，让我们成长很快，无论是在吃苦耐劳、任劳任怨方面，还是在沟通交流、察言观色方面，我们都有突飞猛进的成长。正是那段日子的历练，也让留下来的那几个同事在一年后陆陆续续都找到了更好的下家。我跳槽之后成功竞聘到了一个开发区做土地开发，工作环境和薪资待遇都有了明显的提升，而另外和我一起跳槽的两个同事，一个去做了她梦寐以求的记者，还有一个进了某家知名银行。后来几个偶尔小聚，谈起那段时间咬牙坚持的经历，谈起那个糟糕的工作环境，我们几个依然还是觉得十分感谢那段日子，感谢那段吃力不讨好的时光，因为没有那段日子的历练，恐怕我们都很难快速成长，而后遇见更好的自己，遇到更好的工作单位。后来，我时常这样告诉自己："生活有多无奈，我们就有多坚韧；环境有多恶劣，我们就有多顽强。"

　　有时候，我们真的要学会换一个角度看问题、看世界。年轻的时候，我们都很单纯地觉得一个很好的环境能够塑造一个人，因为好的环境给了一个人非常优越的成长平台；可长大后，我们却发现，职场里不是每个地方都是一片沃土，很多时候，越是贫瘠的土地，我们越要学会顽强地与恶劣环境抗争，最后在贫瘠的土地上生根发芽、枝繁叶茂、开花结果。明白了这一个道理，我们便也少了很多抱怨，多了很多信心和勇气，而每一次的咬牙坚持，甚至是哭着咬牙坚持，定会在未来的某一天，让我们看到不一样的自己，甚至迎来希望的曙光。

{ 只要有梦想，何时都是最好的开始 }

时光的脚步匆匆，高考的硝烟已经渐渐地远离了我们这些大学生们。大学的生活里，我们中的大多数每天都会踩着上课铃声进教室，甚至于会在上课10分钟，20分钟，半个小时才拖着惺忪的睡眼，拿着寝室楼下买的早餐，缓缓地推开教室的后门，上课时间吃完早饭，默默地趴在桌子上又再一次开始与周公的约会。

在大一时，也许我们中的大多数人还会跟同学室友一起去超市逛逛，去江边玩玩，小假期里还会一起去爬爬山，一起合影的照片让每个人脸上都笑靥如花。生活虽没有上高中时幻想的那样美丽，但是我们还是会说："我们已经很开心了。"

但如果到大二了，我们的生活可能会回到了高中的"三点一线"：寝室—教室—饭堂，有的同学变成了"两点一线"：寝室—教室，这样我们省去了走路买饭排队的时间，在寝室终于可以每天抱着电脑玩游戏，看视频，吃着零食。更有甚者，课也不上了，每天的活动半径离不开寝室方圆那几米。

记得我们高中高考努力奋斗着，朝着自己美丽的梦想一步步努力，记得当时对自己要求是那么严格，当时的梦想是如此的强大，强大到让自己每天从早到晚都是在学习，在做题，在一遍遍地背诵记忆，一遍遍地告诉自己要好好加油，要实现自己的这个那个愿望，300多天，每天都在与自己搏斗。其中有许多美好的回忆，有很温暖的点滴，有同甘共苦的美丽。

可是现在呢？现在的自己是怎么了，每天刷着微博，聊着微信，逛着淘宝，我们在最需要奋斗的年纪做着自己七老八十干的活，看着微信上那些正能量的故事，思考着我们活着还有什么意义，我们是为了什么而活，我们最初的理想哪去了？我们的梦想难道就这样湮灭了吗？难道我们真的忘了自己最初的梦想了吗？

每个人心里都曾有一个梦，但大部分人都因现实的残酷不得不放弃梦想。等生活安稳了，等有时间了，那个时候我们的人生就已经走了一大半了。还有时间和精力追梦吗？难道你甘心自己的梦想就这样葬送在寝室？

糟糕的人生就像睡觉，该睡的时候不睡，该起的时候不起。如若把睡之前的挥霍和糟蹋，换成将起未起床之间的贪婪和珍惜，生命的价值，自会变得与众不同。可惜，换不成，改变不了。也不是看不到，也不是看不透，而是看到了，看透了，就是难以改变。有的人一辈子在改变上挣扎着。这种挣扎，就像起床前的难受，毕竟被窝里太温暖了，毕竟眯着眼窝着的姿势太舒服了。明明知道，人生的希望在未来，但未来太遥远，当下太值得迷恋。好多人平庸，不是眼光不够长，而是眼光永远在远方，人始终在近旁。

只要有梦想，何时都是最好的开始，带着梦想启程吧。不要在最需要奋斗的年纪里选择堕落，不要让自己的梦想葬送在寝室，努力去追寻自己的远方，去寻找属于自己的方向。

坚持是你迷惘时最该做的事

凌晨3点，大雨过后的柏油路反着光。

莫楠的左手握着右手，不断摩挲着食指的TASAKI戒指，这戒指是她很喜欢的牌子，戒面是小巧的碎钻和珍珠攒成的小花，素雅又生动。当初在专柜见到时，她往食指上一套就舍不得摘下了。

今天，莫楠加班至凌晨3点。

紧张之后的松弛，让人感觉格外轻松。她为自己倒了一杯蓝山咖啡，斜倚着巨大的落地窗，眺望远方。

夜色深不可测，小汽车携着急促的喇叭声在街上飞驰，纵横交错的霓虹广告牌散发出朦胧的味道，法国梧桐直挺而铺张的枝叶在半空中交汇，在浮光掠影里生出长驱直入的快感。

莫楠就这么静静地站着，脑海中浮现出多年前只身而来、无畏无惧的自己，突然觉得鼻头发酸。这让她想起来，上一次彻夜的加班已经是10年前。

10年前，网络上还没有"城市迷走族"一词。

莫楠辞掉了家人安排的工作，尽管这份工作人人羡慕，她却觉得生活不该如此寡味，于是辗转来到千里之外的广州，打算重新开始。

时至今日，莫楠仍记得离家的那天，母亲的眼泪和父亲的怒不可遏。"你长大了，翅膀硬了，既然要走，就再别回来！"她一言不发，沉默而固执地拎起了行李箱，心里憋着气，暗暗发誓将来一定要让他们刮目相看。

然而，现实就像一记耳光，重重地打在她脸上。

切断了过往的一切人脉和资源，新的起点远比想象中困难得多。整整三个月，尽管她不断去寻找机会，却始终没得到一份录用通知。曾经引以为豪的工作经历毫不留情地被无视，彼时的雄心万丈如今在骨感的现实里一落千丈。

仍记得，那场面试。

胖胖的面试官斜着狭长的眼睛，跷着二郎腿，将她的简历抖开。

"你是本科？学历这么低。"对方一副遭遇拦路乞丐时满含厌恶的口吻。

"可是，招聘启事上写的是本科或本科以上啊。"莫楠额头冒汗，双手局促地扭在一起，怯怯地说。

"那是针对广州本地人，你是吗？"面试官咄咄逼人。

莫楠无奈地摇了摇头。

面试结束，莫楠疲惫地走在大街上，烟灰色的天幕下，不远处的太和文化广场热闹非凡。

走进地铁入口，莫楠想到最近几天已经艰难到一天只敢吃一顿饭的地步。站在站台上茫然四顾，看着眼前行来过往、乌压压的人群，她不知道自己该向哪个方向走。

想着刚才的面试，想着在她转身的刹那，面试经理将她的简历包上口香糖，随手扔进了废纸篓里的傲慢。莫楠眼眶一热，顾不得路人诧异的目光，积攒多天的眼泪终于忍不住流了下来。

几乎穷途末路时，她终于等来希望的橄榄枝。月薪不足3000元，天蒙蒙亮就要从床上爬起，搭半小时公交车，再转一小时的地铁去上班。

钱包干瘪，莫楠在住房问题上也面临着不停搬家的窘迫。就像有一只巨大的怪兽在后面追赶着，她必须得要么周末全天跑上跑下，要么不断拨打着电线杆上小广告的电话，要么挣扎在打包和求宿的境遇中。

工作则是既忙碌又枯燥，不是夜以继日地与各式表格打交道，就是伏在办公桌上与手工账本里的蝇头小字做斗争。倘若遇到收支不平衡，还得心急火燎地找出那笔微毫的数字差，越心急越手忙脚乱，于是彻夜翻着凭证对账本就成了莫楠生活里最常见的桥段。

之所以反复对账经常是因为彪悍的会计在某个神经搭错的瞬间豪迈下笔，把0添成6，把6倒成9。

尽管这样的差错不时上演，但是面对会计大婶一身白花花的横肉和斜睨的小眼神，菜鸟莫楠对此也只是敢怒不敢言。

加班得到的好处只有一身酸疼，莫楠累狠了就陷在沙发上半生半熟地睡一会儿。

7个月后，公司倒闭，她失业了。

这是莫楠来广州的第一年。

凌晨3点，橘色的灯光洒满小小的出租屋，狭窄的窗台上云竹叶子泛着微亮的光。莫楠躺在床上不愿起来，很累，也很舒服。窗外如深渊一般的深夜，看得人想纵身一跳。

气氛突然变得很悲伤，她的眼泪当即滂沱而出：明明在父母身边可以工作得更好，何必摸爬滚打地挣扎在这钢筋水泥筑的大城市，甚至，还得不到一个预期的结果？

逃离的念头再一次萦绕心间，她一个个电话打过去，向学姐请教，跟闺密商量，和发小讨论，甚至不知所措到抛硬币以求获得上天的指示。后来，她给妈妈打电话，试探地问，若回家可好？得到的回应是妈妈欣慰又疼惜的肯定。

可是，就这样算了吗？

当初她羡慕别人的努力，羡慕他人的生活风生水起，羡慕他人年纪轻轻已担大任的强大，羡慕他人一边打工一边旅行的洒脱。现在，又要转身去继续之前嗤之以鼻的生活吗?

挂在嘴上说说的人生,又有什么资格获得想要的生活呢?

内心世界的两个小人交战甚酣,墙上的时钟嘀嗒、嘀嗒走着,辗转难眠的莫楠烦恼地昂起头,看到指针已赫然指向5点。

晃荡着去路边的小摊吃根油条喝杯豆浆,在油乎乎的板凳上,在腾腾的热气中,于他人的匆忙中,前一刻还在留下与离开的抉择里惶惑的她,终于横下心决定留下。

生活不会永远如我们所愿,只身逃离不会扭转乾坤,纵然头被撞破,血流一身仍得不到好的结果又怎样,至少不会在年老时后悔当初。

找工作依旧很艰辛。

莫楠工作的第二家公司是一家德资企业。

新的工作忙碌而有节奏,本来她对这份工作的满意度是百分之百,然而当发现德国佬那只随意揩油的肥腻大手,莫楠眉头紧蹙,心底一下变得黯然。

某个星期五,行政部盘点办公室易耗品,让莫楠忙得团团转。

她双手捧着文件夹正要回到自己的办公桌前,忽然臀部被划了一下。她一怔,回过头去,非礼她的经理正看着她挑衅地笑。

愤怒袭上心头,这个杀千刀的德国佬,竟敢趁机占便宜!莫楠刚要骂出口,主管已经在叫她:"小莫,赶快把月报表整理出来。"

莫楠又看了经理一眼,那色眯眯的眼里仿佛也生出一双毛茸茸的爪子,她顿觉喉头一紧,紧接着鼻头一酸,眼泪几乎要落下来。

然而,她只是不动声色地坐回了座位。

屈辱吧?

想愤然离职。

但是,离职以后呢,再尝一次三餐不继、四面无援的滋味吗?

骄傲？原则？自尊心？

呵呵！

在填饱肚子之前，这些屁都不是！

那天，莫楠在广州已待足两年。

10年后，微博上已经有人将"城市迷走族"的概念提出来，并为之总结出"走过几次的路仍然没有印象""写联系方式时，突然不记得自己的手机号码""做菜时，糖与盐、酱油与醋傻傻分不清楚"等12条具体表现。

莫楠看着这12条标签，情不自禁地泛起微笑。

手机铃声忽然响起，莫楠放下手中的咖啡，接通了电话。

电话另一端是多年的好友，莫楠曾在广州招待过她。

她在美国攻读博士，为回国还是留下踟蹰不安。

"不知所措的时候，坚持下去就是对的，坚持到底你就会豁然开朗了。"莫楠这样对电话另一端的朋友说。

简单的一句话，她足足用了10年来验证。

10年，她的事业有了进展，一路前行，见识了不靠谱公司的坑钱手段，领略了高大上公司的格子间争斗。当然，薪水和位置也一路水涨船高。

如今，她偶尔会站在办公室的落地窗前，俯瞰这座城市，回忆起当年。

不是伯牙、子期知音难觅的怅然，而是人在心途迷失了方向，忘了来时的路，失去了出去的方向。我们之所以疼痛不堪，不是丢失了视线所及处那些心爱的物件，而是一不小心坠入密树浓荫的迷障。雾霭模糊了心之所往，行走其中，不自觉地浮躁，且毫无知觉地遗忘了最初的目的，渐渐屈服。

生活的肌理却是点滴，或哭或笑，或肆意或失意，一点一滴都是其骨架的零件，然后才铸就了真实有血肉的个体。所谓成长，没有谁与你感同身受，它往往滋长于顽强不屈的自助，既然选择了生活的某个方式，你必须自己驱散迷雾，因为没有别人能帮助你。

星期一，下午茶时间。

部门的年轻职员七嘴八舌聚在茶水间。

几个女孩此时正在兴奋地交流着办公室八卦，她们眉飞色舞，空气也掩不住这份欢喜。

莫楠拿着骨瓷杯朝茶水间走去，她准备冲一杯咖啡醒醒神。

"莫姐真是太不近人情了，我就错了一个小数点，至于板着脸吗，还是缺爱的30岁老女人都这样啊？"

一句抱怨，传入她的耳中。

她走到门口。

"是啊，你看她多无趣。"同仇敌忾的附和声已先她一步响起。

气氛变得尴尬，女孩蜜桃一般的肌肤泛出虾红色，漂亮的大眼低垂着，手脚不知如何安放，圆润的鼻头甚至冒出了细密的汗珠。

莫楠瞄了她一眼，便不动声色地移开了目光。

这个城市与10年前相比并无质的改变，萝卜糕依旧缺少萝卜浓郁的香气，加班的晚上也仍有大雨倾盆。

苦尽甘来的好处不言而喻：低欲求，易满足。

每当听到这样的吐槽，莫楠总是一笑而过。

回头去看过往的辛酸，比起青春的哀与乐，拼搏的甘与苦，莫楠真心觉得，即使被手下的员工认为太不尽人情，也不能降低要求。毕竟，作为一个上司，有太多的事情要考虑。

凡事非常态才容易生美。

你不需要别人的怜悯和关怀，你真的不需要。

眺望马路对面的肠粉摊，莫楠贴着玻璃窗，饶有趣味地看了又看。

抉择，它实现的最终目的不是自由，而是拥有自己的世界，依附梦想，独立自我。如果你现在走在一条看起来没有尽头的弯路上，尽管你感觉痛苦也一定要迎难而上，坚持走下去，路是你自己选的，有勇气选择就该有耐力承受，别怕失去什么，至少还有希望在。

柏油路自有它的曲直，而生活总会留点鸿运给固执的人。

第二章

行动说明事实

{ 如果真的想要进步，请真正开动起来吧 }

[1]

大概因为毕业的学校还不错，又干着实际上辛苦但外人看来高大上的创业，网络上和现实中经常有人向我取经。

小A是我的邻居，刚毕业两年，在一家互联网公司工作，最近有件事让他愤愤不平：公司有位和他同期入职的同事刚刚升职了，但在小A看来不管从哪个方面看升职的都应该是他。

"我每天都是第一个到公司的，几乎都是最后一个离开的，而他每天都是掐着点来，掐着点离开。论勤奋程度，我甩他几条街。论个人能力，我也绝对不比他差。为什么老板就是看不到这一点，反而提拔他呢？"

小A是个性格很不错的小伙子，能让他都感到如此气愤，显然在他心中觉得那位同事跟自己是有比较大差距的。

无独有偶，有个亲戚最近也特别烦恼。她家小孩眼看就要上高三，面临高考了。孩子学习特别刻苦，几乎每天都要学到十一二点钟，但成绩就是不上不下。甚至有些原来成绩不如他，也远不如他勤奋的同学都纷纷反超了。

在我们的生活中有挺多这样的例子：明明付出了比别人更多的努力，但别人似乎就是看不到，甚至老天爷也没看到，没有给予相应的回报。

身边人的求助让我开始思考这个奇怪的现象，最后还真找到了原因。这里并不想探讨"勤奋"与"结果"之间的哲学关系,而让我思考是到底怎样的"勤奋"才算是真正的勤奋。

[2]

我发现的情况是:大部分人的勤奋往往流于形式,并且容易自我陶醉于"我在进步"的假象当中,反而疏忽了去做那些真正有助于自我提升的事情。

说得更不好听一点,这些人其实是在用勤奋掩饰自己的懒惰。

你是个加班狗,每天7点半就到公司,吭哧吭哧干到下午6点下班。出去吃个盒饭,回到公司接着拼命到晚上11点才回家。

这样很辛苦,但不叫勤奋。

你每天早起晨跑、读书、冥想。你每天都过得很充实,俯视周围芸芸众生,觉得唯有自己卓尔不群,优秀得耀眼。

你是个有追求的孩子,但这也不叫勤奋。

大部分人对勤奋的理解,都肤浅地停留在这种表面的仪式感上,而忽视了勤奋的本质意义。更可怕的是一旦你习惯了这样的过程,便很容易从中得到满足,最后当发现自己没有得到应有的回报时,就开始怨天尤人,觉得天道不公。

什么是对勤奋肤浅的认识呢?

重复性地做一件事情,却缺乏思考。

长时间地做一件事情,却缺乏思考。

以上两种便是最为常见的勤奋误区,也是大部分勤奋却平庸者陷入发展困境的本质原因。

[3]

重复且长时间地做事情其实并不难，只要条件具备，大部分人都可以做到。难的其实是思考。

工作大概3年的时候，因为应酬太多，我体重剧增。大学毕业那会儿差不多是110多斤，可巅峰时期差不多到了150斤。

我决定减肥，采取的方式是每天早上7点钟起来去跑步。

自己意志力还算是不错的，启动减肥计划后的一个月，每天都准时去跑步，每次3~5公里，但减肥效果并不理想。客观地说，收效甚微。

去请教一位运动和减肥方面特别专业的朋友，他了解完我的具体状况后说，"你这样跑步身体素质是会提升，但减肥是没戏的，因为方法完全错了。"

后来他给了我一堆资料，硬着头皮全部看完，我这个门外汉才开始了解什么是无氧运动，什么是有氧运动，什么是正确的跑步方式，该给自己配置什么样的装备。我开始学会计算自己的摄入热量，知道大部分食物的卡路里。

后面的一个月状况完全不一样了，体重开始有规律地下降，而且跑起来更加轻松，完全不像原来感觉就像是在服苦役一样。

但在外人看来，这两个时期我的"勤奋"程度其实是差不多的，只不过结果是天壤之别。一般来说，后面好的结果会被解释为"这是坚持的力量"。

只有我自己明白，这是思考的力量。

有益的思考+坚持做事情，这才是完整意义上的勤奋。

勤奋不是为了努力，是为了偷懒！

怎样的偷懒？就是更快地把事情做完、做好，是让自己能做以前做不到的事情！

[4]

创业的第二年，我开掉了公司一位挺"努力"的员工。有些同事，甚至是我爱人都不是很理解。勤奋的员工不是所有老板都喜欢的吗，我为什么没有耐心再给他多些时间，而是采取如此决绝的手段？

原因很简单：这名员工已经中了很深的"勤奋病"，尽管和他有过多次沟通，但仍然没法改变，最后只好痛下杀手了。

他每天7点多一些就到公司了，大部分员工下午6点下班，但他每次都差不多八九点才会离开。但问题是，他所在岗位的工作量根本那这么大，为什么需要这么多时间用在工作上呢？我便开始观察他。

首先我发现的一个状况是：因为每天起得太早（他家到公司差不多要1个小时的车程），所以上午的工作效率是极低的。差不多到10点钟开始，就会频频打呵欠，直到午休后才会有所改观。

所以大部分工作，他其实都是在下午完成的。如此仓促，完成的质量自然一般。有时候实在弄不完，还会弄到很晚，这也是为什么他必须比别人迟下班的一个原因。

有的时候按他时完成了工作，下班后仍留在办公室，其实也并没有拿这段时间来学习提升，或者总结工作。他干的最多的，还是提前去做明天的工作。有几次他下班后甚至开始打扫办公室，干阿姨做的事情。

很多次和他交流的时候，我都有意无意提醒他：每天不用那么早来上班，同时每天能干好当天的活就可以了，与其加班去做更多的活，还不如多学点专业方面的知识，提高下自己的水平。

可惜的是提醒没啥效果，最后的结果是：他每天工作时间是最长的，但专业水准提升在同期员工中却是最慢的。后面加薪、职位提升如果不照顾他的话，肯定会心理失衡，影响公司整个氛围，没办法只好劝退。

这个员工最大的问题就是：沉迷于无效的勤奋，而忽略勤奋的目的本身。

[5]

看完一本书很容易，看懂一本书很难。

看懂一本书，还能把书里的知识、方法应用到生活和工作中去，更难！

看书不是目的，学以致用，重点是后面的致用。

所以每天都看书，一个月看多少本书，其实都不是勤奋。

勤奋之前，要想清楚你的目的是什么。如果你的目的就是看书本身，当然也是没问题的。

但你就别抱怨别人看书比你少，掌握的知识却比你多。

问题在于：大多数人流于表面的勤奋，偏偏要求真正勤奋才能得到的东西。

坚持做事情很重要，但做事情的同时思考如何更快、更好地把事情做好更重要。

再次强调：勤奋的目的不是勤奋，是偷懒，是为了把原来需要1个小时才能做完的事情半个小时做完，是为了能做到以前做不到的事情。

而不是把最简单的"重复性"工作持续下去。

[6]

我跟小A说，如果你老板不是傻子，你那同事不是关系户，那么他这样做肯定有你不知道的原因。

根据对小A的了解，以及他对那同事的描述，其实我大体知道原因是什么。

就算小A是在我的企业工作，我的选择可能也会差不多：我会更乐意给小A这样的员工加薪，而让他同事那种类型的人做管理岗位。

小A的长处是善于钻研专业，研究细节。这样的人是专家型人才，可以很好地把本职工作做好。但他的弱势在于大局观和"方向感"较差，同时人际关系处理上属于一般。

他那位同事虽然看起来"没那么勤奋"，但对业务方向的发展却相当敏锐，同时也具有人际关系管理的潜质。

小A有努力，也有思考，只是他勤奋的方向不同，最终得到的东西也不同。不出意外的话，老板应该很快会给他涨薪。

而亲戚的小孩就属于典型的"懒惰式勤奋"，将勤奋肤浅地理解为"每晚学习到几点"，将刷题库作为唯一的学习手段，做错的题不思考，做对的题不总结，成绩无法提升也是自然而然的事情。

反思我们，有时候难道不是同样陶醉于这样的勤奋？

如果真的想要进步，请别再用勤奋掩饰自己的懒惰，真正开动起来吧！

先天不足，后天就要更努力

今天是决定实习生们去留的日子，我特别不愿意通知人离职，所以一般能留下的我就都留下，但是经济不好，岗位也没那么多空缺，注定四个实习生只能留下两个，另外两个必须走。跟领导商量以后，留下了小A和小B，他们一个从高中的时候就开始给各媒体投稿，发表作品比较多；另一个大二就来公司实习了，实习时间比较长，已经能独当一面了。

上午跟另外两个实习生谈离职的事，一个跟我说了自己的优势——在新媒体推广方面有点心得。我想了想，问了问朋友，正好有个新媒体推广的实习生职位，中午就推荐他去面试了，他说下午收拾了东西，明天直接去那边实习。我叮嘱他一些注意事项，送了他几本书，让他走了。

另一个实习生的表现完全出乎我的意料，他向我絮絮叨叨地讲起他的经历：他家不是北京的，他没有关系可托；他刚实习没多久，还没什么经验，做不了别的工作；另外他马上就该写论文了没时间找工作；还有就是他没发表过什么作品，出去找工作没有竞争力；还不忘提到他念的那所大学不是什么名校，别的单位不给机会；最后是他父母都是普通人，他不是富二代不能没有工作。他痛心疾首地说半天，最终总结就是：我让谁走，也不能让他走。

我问他有什么打算，他跟我说，我留下他，他去单位宿舍住，然后开始在北京打拼。我认为他误会了，我问的是，我不留下你，你的打算。他说他没想过我不留下他，他这么可怜，我怎么能不留下他。

我问他为什么没有提前找单位实习，他说一直在学校好好学习来着。我又有疑问了，好好学习，你一中文系的怎么没发表过什么作品？他说宿舍同学都打游戏，学习氛围不好。我说销售那边也缺人，要不我推荐你过去试试。他很坚定地告诉我，学中文的干不了销售。我只好说我们现在没有职位空缺，有了我再通知你吧！

　　送走这个实习生，我想到了自己小时候。那时我们家离学校特别远，班上有个女孩她爸爸开车送她，她总是比我早到，老师也总是夸奖她，我就特别希望自己也能早点到校。我跟我爸说让他送我，他不愿意。我让我妈搬家到学校附近，我妈也不愿意。我特别沮丧，直到爷爷说了一句"路远就早点出门"点醒了我。于是，每天上学我都提前出门，果然次次都在那女孩前面到学校。后来很多时候，每当我陷入被动，都会想起这件事。我语文成绩不好，我就多读书。我上的学校不好，我就早点开始实习。我没关系可托，我就在工作上表现出色一点。用我自己的努力，弥补跟别人的差距。

　　留下的两个实习生里面，大二就来实习的那个男孩，他只是趁暑假大家都在打游戏的时候，决定每周用三个半天的时间来实习。我通知他入职的时候，他很高兴，说其实当年来的时候没想那么多，就是觉得可以试试而已。下午他给我发了这样一段话，我很有感触：

　　当你老了，回顾一生，就会发觉：什么时候出国读书、什么时候决定做第一份职业、何时选定了对象谈恋爱、什么时候结婚，其实都是命运的巨变。只是当时站在三岔路口，眼见风云千樯，你做出抉择的那一日，在日记上，相当沉闷和平凡，当时还以为是生命中普通的一天。

努力不觉岁月苦

"刘老板,来上课啦。"每次回到教室,同学们打招呼时,刘恒总是羞赧地笑着。刘恒——我的舍友,一般考试前,他会准时出现在教室里,在宿舍住上一阵。

大二时,同学们都开始叫刘恒为"刘老板"。宿舍哥几个私下偶尔也会叫"刘老板",他总是严词厉色说不要开他玩笑,他更喜欢我们亲切地叫他老大。在周围人眼里,一个大学生,自己创业到拥有近百万资产绝对算是成功了,尤其我们这种理科院校中的文科生,毕业后能找到份工作就不错了。所以同学们称呼他"刘老板"时多半带着点羡慕和嫉妒,他不让宿舍的哥们叫是因为只有我们知道他这一路走得多艰辛。

对刘恒来说能上大学简直是奇迹。他的家在大山里,主要收入来源靠父亲打工。7岁那年,父亲因车祸离开了。失去经济支柱的母亲带着他们兄妹三人,生活从此陷入绝境。一次吃饭,刘恒轻描淡写地说起过去:"我上小学在山下,大家都在学校吃饭,为吃免费的午饭我帮食堂干活,干完去山上挖草药卖,大一点便在附近建筑工地当小工。"刘恒几乎没有童年,从记事起他就想着如何养家糊口、帮妈妈分担家庭负担。

中学时的刘恒用打零工赚的微薄收入维持学业,但捉襟见肘的日子持续到高三,母亲不得不让他放弃学业,因为即使考上大学也无力承担高额的学费。17岁辍学后的刘恒,来到城市开始打工生涯。什么活累、赚钱他干什么,经常浑身是伤，第二天仍然出工。"有次，我在××大学干了整整一天活，晚上坐在大学的草地上休息，从我身边走过年纪相仿的大学生，他们向我投来鄙夷的眼光。我既羡慕又不服气，觉得自己总有一天也能成为一名大学生。"于是，打工两年后刘恒又回到高三课堂，他格外珍惜失而复得的学习机会，最终如愿以偿，还成了我的舍友。

大一时，刘恒也循规蹈矩地上课、学习，只不过比我们刻苦些。但到大二，打工赚的钱已所剩无几，他又得想办法赚钱了。

最后，刘恒把目光锁定在建筑工地的挖掘机上。施工的挖掘机多是租用的，租金也颇丰。刘恒打工时曾认识几个老板，他们很欣赏这个吃苦耐劳、踏实积极的大学生。刘恒请教他们，他们慷慨地答应刘恒，如果他有机器他们肯定会租用。受到鼓励的刘恒决定尝试。可一台挖掘机的价格几十万元，资金从哪里来？大二伊始是刘恒最痛苦的一段时间，本来瘦弱的他愁得吃不下饭，没有人知道他背负了多大的决心和压力。末了，他和母亲、舅舅商量想用两家的房子做抵押，贷款10万元。母亲听后坚决反对。刘恒反复劝说，给舅舅写借条，向母亲做保证……就这样，筹得首付款，分期付款买下一台机器。

起初，刘恒顺利地拿到了几个工程。可朋友帮助毕竟有限，往后把机器租出去还要靠自己。刘恒其实一直很腼腆，和同学交流他都害羞，更别提和形形色色的商人打交道了。一位老师建议，刘恒可以去公共场合演讲提高自己的口才。于是，整整两个月时间，刘恒在我们大学食堂里旁若无人地高声朗诵他的讲稿，内容从三国人物到现代企业管理。此后，他的语言表达能力突飞猛进。

大三时，为了方便谈生意，他买了小轿车，并规定自己每天必须跑3个工地、见10个老板，推销业务。到了大四，他已经有两部机器，月收入上万元。只是，大部分上课时间他都请假，然后快考试前，在自习室里整晚学习，四年的课程竟没挂掉一科。

毕业后，大家各奔东西，我虽然和刘恒在一个城市，偶尔通电话，但很少见面。

现在，他一边继续原来的生意，另外又找了份兼职卖保险的工作。每月他会回老家一趟，在那里他资助了10个贫困孩子，他说：以后有能力了会资助更多的孩子，他不愿看着他们受自己小时候受过的苦。

压力之下的超越

人的能力到底有多大，潜质有多少，目前还没有定论，反正，人在特殊情况下被逼出来的能力大得惊人，完全出乎人的想象。这说明人的潜质深不可测，千万不可小视和忽略。兴许被人们常常称为"笨蛋"的你，经过一番深挖细凿，说不定就会成为人们刮目相看的"另类葛二蛋"。

据《北京晚报》报道，2012年38岁的赵伟16年前被一名美籍华裔商人以"入股"为名骗走30万元后，只身从中国大陆一路追讨到美国洛杉矶，不料再次被骗，沦为流浪汉。然而，当时，连一句英语都不会说的赵伟经历艰辛，2002年竟然成为了南加州一名专门帮助受骗人士追债的私家侦探公司老板，加盟者有十几位。至今，他的公司调查办理的案件已达数千件，终于圆了他个人不再受骗且帮助他人不受骗的梦想。赵伟的传奇经历经媒体曝光后，立即吸引了影视业制片人和编剧的兴趣，最终由中、美、加三方合拍这部反映中国农民只身闯荡美国的不凡经历和励志故事。目前，该片已开机拍摄。

赵伟的家乡是中国山西省关原头村，1996年，时年22岁的赵伟还是一名普通的农村治安管理员，偶然通过朋友结识了自称为某国际贸易总裁的南加州商人冯某。一次冯某急于签约却资金困难，让赵伟帮忙借钱，赵伟找朋友借给冯某30万元。谁知，冯某携款回美国后，从此音信皆无。赵伟深感自责与无奈，于是，1996年11月，赵伟只身奔赴美国去追债。当赵伟来到洛杉矶，仅凭一张冯某的名片辗转找到冯某位于洛杉矶的办公室时，惊讶地发现原来这里只是一处破旧的家庭旅馆，而自称某进出口公司总裁的冯某也只是一个输得精光的赌徒。幸好，赵伟见到了冯某本人。冯某东挪西借，数月后终于凑足了30万元欠款。然而等冯某还钱时，冯某提出"要第三者为证"。善良的赵伟认为"也有道理"。可谁又能想到，冯某利用这个颇有道理的做法再次欺骗赵伟的善良。当两人决定将冯某的欠款先汇到冯某的一位朋友毛先生的账户上时，毛先生也携款而逃。赵伟再次受骗。

原本打算要到欠款就回国的赵伟，没想到从一个陷阱被骗到另一个陷阱。身无分文的他成了美国街头的流浪汉。刚到美国时，赵伟一句英语也不会，不会英语，在美国你能跟谁沟通。这时他就靠看电视、查字典恶补英文。从1999年开始，他辗转进了一家韩裔侦探所打工，靠着他多年的辛苦打拼，终于考取了私家侦探执照，并于2002年创办了自己的侦探公司，聘请了10多位侦探加盟。至今赵伟的公司已经调查办理了数千件诈骗及各种案件，终于圆了自己不再受骗且能帮助别人免遭受骗的梦想。

一介农民兄弟凭着一腔执着和铮铮铁骨，在强大的压力下"压"出了一身的能耐，在美国办起了私人侦探公司不说，还引来世界知名影视业将其搬上影视。奇怪吗？不奇怪。只要心中有梦，美国就不会遥远，辉煌就在眼前。

当然，一定的压力能激发人的潜能，但过度的压力往往压的人喘不过气来，此时，关键是要强迫自己冷静下来，想一想行之有效的方法去应对才是。而不是怒不可遏，牢骚满腹。说心里话，好多压力在身，不是压力压垮了身体，而是首先摧毁了心理，"心碎而身死"这是古话。窃以为，只要自己的"心"不死，没有爬不过去的高山，没有渡不过去的大洋。千万记住：一剪寒梅怒放自己的生命，不是因为春天，而是缘于自身的坚强。

{ 有时你需要选择一条更难的路去走 }

在非洲广阔的草原上生活着各种各样的动物，角马是其中的一种。雨季期间，雨水充足，草原上一片生机，广阔的非洲草原上到处都是角马。

但是到了旱季，草原上水源枯涸，处处弥漫着死亡的气息。为了寻找水源和新的草原，角马不得不离开这里，向北部迁移。这些非洲角马聚集在一起，数量多达上百万头，成群结队地向北迁移。

而要向北部迁移，非洲肯尼亚的马拉河则是这些角马的必经之地。每年的10月份和次年的3月份，这些上百万头的角马就要经过这里，而这条马拉河也是这些角马向北部迁移的最后也是最凶险的一关。在马拉河中有一种动物是角马们渡河时必然要遇到的天敌——世界上最大、最凶残的尼罗鳄。渡过去，则是水草丰美的草原；渡不过去，要么死在尼罗鳄的攻击下，要么因为缺水缺草而死。

有一年10月，非洲草原大旱，就连平常水流湍急的马拉河也没有往年那样湍急了，在好多地方甚至可以清楚地看到河底。而非洲角马也照例聚集到了马拉河岸边准备过河，这些可以清楚地看到河底的地方就是角马的必经之地。由于这些地方河水已经快见底了，尼罗鳄只能聚集在河水深的地方等待角马过河。这对非洲角马来说，是一个绝好的机会，只要在这些河水浅的地方过河，就可以避免尼罗鳄的袭击。于是，不少年幼的角马聚集过去，准备从这些河水浅的地方过河。

但是，这时候令人吃惊的一幕发生了，几头看上去像是头领且年老的角马过来驱赶这些年幼的角马回到原处。紧接着，这些年老的角马开始带头在河的深处有大量尼罗鳄聚集的地方开始过河。后果可想而知，角马们死伤众多，近乎一半的角马被尼罗鳄攻击，成了尼罗鳄的美食。被尼罗鳄攻击再加上淹死踩踏致死的角马众多，过了河的角马只有原先的一小半。

这一场面被中央电视台《动物世界》栏目去非洲录制节目的摄影组真实地记录了下来。栏目的工作人员对角马的这种情况非常不解，于是询问当地的导游，那些老的角马明明知道马拉河水深处有凶恶的尼罗鳄，为什么不从河水较浅且没有尼罗鳄的地方过河呢？

导游说，是的，老角马知道河水浅处没有尼罗鳄，但是，那些老的角马也知道，马拉河像今年这样的情况难得一见，很多角马一辈子也难得一见。如果今年那些年幼的角马从河水浅处过河，那么第二年3月份它们返回草原北部再经过马拉河时，面对成群的尼罗鳄，它们还敢过河吗？年幼的角马是角马种族繁殖的希望，如果第二年3月它们过不了河就意味着死亡，那对整个角马种群将是灭绝性的打击。所以那些老的角马要带领年幼的角马从河水深处过河与尼罗鳄抗争，从而为第二年3月份的过河打下基础。

面对鲜有的安全和屡见不鲜的危险，角马能够放弃那些上帝的恩赐，选择与尼罗鳄抗争，也许这就是为什么角马能在非洲大草原上繁衍至今的原因吧！

勇气改变处境

2006年初，来北京打工的山东小伙子宋非凡再一次下岗了。在此之前的9年时间里，因为只有初中学历，宋非凡频繁更换工作，除了给一些小饭店打工，他还做过商贩，卖过金鱼、水果和羊肉串等，可赚的钱连基本的保障都没有，这让宋非凡十分迷惑和苦恼。

一天，宋非凡漫无目的地在北京街头闲逛时，他看见一个小女孩在街上卖花，但是生意很冷清，来往的情侣中没几个人买她手上的花。看着同样彷徨无助的小女孩，宋非凡一声叹息。可就在这个时候，宋非凡的脑子忽然闪过一个奇怪的念头。这个念头让他兴奋不已，他匆忙起身跑回住处。

接下来的几天，在北京的几个小裁缝铺里，裁缝们碰上了一个特殊的顾客，因为这个顾客叫他们做的衣服有些让人摸不着头脑。这个顾客正是宋非凡，他要求裁缝帮忙做一件色彩反差极大、款式肥大，看起来非常夸张的衣服。这个奇怪的要求让裁缝们感到很惊讶，因为从来没有人订做这样的衣服。

一连走了七八家裁缝铺，宋非凡仍然没有找到会帮他做衣服的裁缝。无奈之下，他只好买回红绿布料，准备自己做。

凭着模糊的感觉和笨拙的双手，几天之后，宋非凡总算做出一件让他感觉还算满意的衣服。穿上做好的衣服后，宋非凡站在镜子面前，此时镜子里的自己看起来极不协调。这样的效果让宋非凡"嘿嘿"地笑了起来。

不仅如此，宋非凡更是进行面部"大丑容"：他把自己的嘴唇涂抹成夸张的红色笑脸状，往鼻子上加了一个红鼻套，还在头顶上加一顶奇怪的帽子。全部的装备完毕后，一个生动的小丑出现在镜子面前了。看着自己夸张的样子，宋非凡满意极了。

原来，那天在街头看见小女孩卖花时，宋非凡忽然想起了马戏团里的小丑，于是就把两者结合在一起联想：要是一个小丑跑到街头卖花，会怎么样呢？

准备好了装备，又购进一些鲜花之后，宋非凡决定走上街头去开始他的"小丑卖花"生涯。可当他真踏出家门走向外面的时候，他有些怯懦了，因为不仅朋友们争相反对他这样卖花，就连他自己的底气也不足。看着辛辛苦苦准备的行头，宋非凡在思想激烈斗争了一个多星期后，终于心一横，在一个夜晚走出家门，来到了北京街头。

穿着奇怪的服装，手里捧着鲜花，他走在路上，分明感觉到自己的腿在颤抖，他的眼睛根本不敢看周围的人。就在他胆战心惊的时候，他听到了一个声音："嘿，小丑，你过来，送一捧玫瑰花给我的女朋友，再说点好听的祝福语。"宋非凡抬头一看，是不远处的一个先生在叫他，他赶紧跑了过去，拿出一捧玫瑰花送到先生身旁的那个女孩手里，并说一些祝她快乐、幸福之类的话。那个女孩开心极了，咯咯地笑起来，直夸小丑很可爱。

目送这对情侣，宋非凡豁然开朗：原来别人还是挺喜欢这样的小丑，对小丑并没有排斥的感觉，我的价值是存在的！宋非凡终于把原本低低的头高高地昂了起来，并开始吆喝："卖花喽，小丑给您送鲜花啦！"

这一夜下来，宋非凡赚了好几百元钱，他兴奋得睡不着觉。之后，他便开始在白天的时间卖花。为了让自己更有吸引力，他特意学了一些马戏团小丑的滑稽动作，学唱一些古怪的歌，甚至还学起了魔术，以便随时在街头表演。这样卖花的方式同样招来了一些人的嘲笑，有些人甚至把宋非凡当成是神经病，可是每当他看到大部分人对他投以友善的微笑或者给他鼓掌的时候，他就不会在意那些冷嘲热讽了。

　　现在，宋非凡已经在北京专门开了一家"小丑花店"，并陆续招收了几个"小丑"帮他卖花，收入也从以前的一个月一千多元增加到一两万元。

　　用另类的小丑吸引眼球，再用快乐的表演赢得人们的喜爱，宋非凡在创新当中获得了财富。尽管他目前的生意做得还不是很大，可正如有些人所说的那样，一个人所处的环境并不重要，关键是他内心有没有改变命运的勇气，有了这种勇气，即使是纸糊的翅膀，也能飞上天。

{ 让你的努力值得你去获得更好 }

[1]

我是在地铁站里看到这句标语的：我要，什么都要。

说真的，看到这句标语，我的第一反应是——很惊讶。我甚至停下脚步，愣了两秒，惊讶的情绪慢慢转变成由衷的赞叹这句话说得好！

我习惯了压抑和遮掩自己的心绪，羞于把它们公之于众，总觉得亮出明晃晃的欲望，显得太赤裸、太贪婪了。

所以，当看到有一句话，说出了我想说却不敢说的心声，我先是惊讶，后是惊叹。

最近，我的朋友幺幺也让我吃了一惊。

她年纪很小，却满腔勇气。幺幺上周去了趟北京，觉得喜欢这座城市，正好一家公司的老板也欣赏她，于是她回去果断拒绝了学校安排的实习，打包了行李，单枪匹马奔赴帝都。昨天，她的定位已经在望京SOHO了。

她说，她的人生目标是，泡最帅的男人，买最贵的包。我未必认同她的观点，但我极欣赏她坦荡地说出这番话的勇气。年轻姑娘又嚣张又可爱的样子，真是迷人。

我们那么年轻，天空里飘着好多缤纷梦幻的气泡。我们手上有大把时光，心里装着英雄梦想，眼前的道路光芒万丈。我们明明有好多好多想追的梦，何必故作老成，假装成一副无欲无求的样子？

[2]

2005年，乔布斯在斯坦福毕业典礼上演讲，最后送给了在场的年轻人一句：Stay hungry, stay foolish。

乔布斯的"stay hungry"，不是求知的意思，而是鼓励年轻人：要不停地追求成功，永远不知道满足。

于是，这句话在网上有了个调侃的翻译：做个欲壑难填的二货。

昨天，我看了林语堂次女写她父亲的文章。这位"脚踏中西文化，一心评宇宙文章"的文学大师，在少年时期就对世界充满了好奇和欲望。

文中这样讲述林语堂：

"世界是这么大，历史是这么长，他求知之欲是这么强，他感到与别人不同。他们好像对生活的要求不多，找一份事做，娶妻生子，随随便便混过一生。他的要求却很多，他要尝到世界的一切，他要明白所有的道理，什么是生，什么是死，什么是美？他有时因为看到一幅美景，会感动得掉眼泪。他想有机会，要游历世界，到世界最偏僻的地方去观察人生，再到最繁华的都城去拜见骚人墨客，向他们提出问题，请教意见。"

"他感到自己的贪婪，凡是眼睛看得见的，耳朵听得到的，鼻子闻得到的，舌头可尝的，他都要试试。"

我喜欢极了这样的饥渴、这样的贪婪、这样生生不息的欲望。它浸染着蓬勃的朝气，饱含着对生活的热忱。

这样赤诚而热切的心，千金不换。

日剧《对不起青春》里，有这样一句热血的经典台词：人生没有重来，贪婪有何不可？

别怪我贪心，贪心的人才能过得更好啊。我们的好奇和贪婪，就是未来生活的无限可能性。

我想要的人生是这样的：敢于承认内心的欲望，用尽全力追求自己想要的，并且承担起一切可能的后果。

我想要更好的，我值得更好的，我愿意为更好的一切而努力。

愿你我都活得坦荡，活得明亮，活得贪心而满怀希望。

你的每一个当下都关系到你的未来

[其实，你一直在笼子里]

选择过什么样的生活，不是你现在的选择，而是半年前，甚至是三或五年前的选择。不是你当下想做什么，就能随心所欲的。

20多岁的年轻人大部分都是每天醉生梦死地活在自己的世界中。只要有一份工作，就自认为是很不了起的成就，至少觉得自己的表现已经比那些啃老族好太多了。

至于30岁后会站在哪里，他们不知道，但觉得自己未来的位置不会比现在差。

然而像他们这样安于每月都有工资领、有地方住、有饭吃，偶尔聚餐、逛街、唱歌，到月底把工资花光时，只能节衣缩食地等下个月的工资。这样的人生其实和笼子里的动物是没有区别的。没有财务自由，没有逃出笼外去享受更多人生体验的自由。

如果当下没有这样的认知和自觉，5年或10年后，他们还是只能窝在笼子里，望着笼外的成功者，看着他们拥有高质量的生活，大叹自己八字不好或老天不公平。

[工作经验愈多，起薪就愈低]

一名想加薪的员工对老板说"我有25年的经验"，而老板则回应他"你没有25年的经验，你只是同一个经验用了25年"。

每个人都该扪心自问：自己是否也做着没有累积性的工作，却期望加工资？

如果你到一把年纪还在做零技术需求的工作，就别怪你的工资没有起色。为何你工作多年，到现在还是基层人员？

管理学里著名的"彼得原理"提到：一个在目前工作上有出色表现的人，理应能继续向上提升到更高的职位；而如果一个人在同一职位上停滞不前，就表示这个人可能连目前的职务都无法胜任了。

依照这个论点，长期停留在基层的你，处境实在令人担忧。

[明明是年轻人，却过着老年般的退休生活]

很多年轻人准点下班打卡，回到家后，一边看着韩剧吃饭，一边抱着手机刷微博和微信。但是说实话，看再久的朋友圈，你们的感情也不会累积，只不过是花了好几倍的时间在重复做一样的事情。

对于上班族来说，最大的痛苦莫过于连下班后都还保持着工作状态，因为老板又不会发给你薪水；其实，真正会影响家庭和生活的从来都不是工作本身，反而把时间都拿来浪费在杂事上，缺乏时间管理的意识，才是大多数年轻人的悲哀。

看电视和上网不是罪不可赦的事情，但是你却没想过，这样用来打发时间，同时把你的人生体验和可以创造的价值都消磨殆尽了。

[他的全世界，只有 10 平方米大]

几个年轻人分租一间房，每个人只能分得不到10平方米的房间，连转身都有困难。

当记者觉得房间太小时，这几个年轻人蛮不在乎地说："反正只是睡觉的地方，有得住就好。为什么要为了沉重的房贷压力搞垮自己？"

如果你们以后买不起房子，绝对不是因为没有能力，而是因为你们不愿意对自己的人生负责。高房价，只不过是你们拿来当作逃避现实的借口。

你因为房价高而不买房，更因为生小孩的成本高决定做丁克，你乐得不想背房贷，更乐得没有养育孩子的负担。

现在的你，看起来好像还有本钱可以选择继续窝在10平方米的世界里，继续在网上YY心中的女神，继续在游戏中排位、匹配，但是这种日子，你打算过多久？当你年老退休没有工作，连养活自己都困难的时候，孤家寡人的你，还能指望谁来替你付房租？

父母会老，租金只会随着房价愈来愈高，你自以为能够掌握的这些钱，在未来都足够成为压垮你老年生活的最后一根稻草。

[30 岁后，你会站在哪里]

一小时后你会在什么地方，都是由你买什么路线的票，坐上哪一班次的车所决定的，当你坐上了车，就没有回头路可走了。

你眼前的每个当下，都是决定你未来5~10年，会被世界推到什么地方的关键时刻。

当你茫然地对未来没有目标和规划，就随便买了一张票，跟着人家上车、下车，等你发现人生、工作、位置和薪水都已经不可逆转时，你再怎么后悔都已经来不及了。

因为那辆载你来这儿的车，是单向的。

把坏日子过好是一种能力

我遇到过三个重要的老师，只是当事人不知道我膜拜过他们。

一个是经常让我觉得很囧也很爽的钟点工。她干活麻利、工作效率特别高，在我半小时前接到朋友电话说来家里吃饭的时候，她打开冰箱就鼓捣出了一桌子好菜。她会问我客人是哪里的，这样就会有不同风味的菜品，是广东人会做清蒸排骨，是湖南人就做辣椒小炒肉，是福建人菜就会加点儿糖。

就拿洗碗这事来说，我通常要半个小时到一个小时完成的事情，她十来分钟搞掂。灶台上面找不到污迹，抽油烟机上没有一丝油烟味，水槽亮得像新的一样。

我的烂摊子通常是她来收拾。用微波炉加热煮熟了的鸡蛋，不小心听到里面砰的一声，鸡蛋壳裂了，蛋黄溅得到处都是。她只是很淡定的一声"去去去，让我来"。我像个犯错的孩子，呆呆地站在一旁，看着她像英雄一般救场，三两分钟，把微波炉清理干净。

她不在家的时候，家里就像搭错了线，状况频出。厨房里突然多了来历不明的虫子，电视机上面堆了看得见的灰尘，沙发上铺的垫子总觉得不平整，洗手间的地漏上缠着头发，房间里多出来一些用不着但也不知道该放在哪里的东西。

她一回来，家里的杂物就乖乖开始听话，各自归队到应该的位置。水杯里总是有新鲜的柠檬水，不同颜色的毛巾轮换着挂在毛巾杆上，衬衣裙子都熨烫好挂得像等待检阅的方阵，鞋子头朝着出门的方向摆好。

因为她在我们家没有争议，其不可撼动的地位，有时候让我感觉自己变成了弱势群体。

那天她会突然接到一个电话："哎呀，你好！……嗯，是的，我以前带过孩子。……我这个人有个毛病，晚上打呼噜，怕影响你们。所以我比较挑人，要有合适的住家我才做。"我一听心里会有点发毛，这是猎头公司又来挖角的节奏啊。她走了，我怎么办？家里不大闹天宫才怪，日子能过好吗？自此言辞上就会特别谨慎，生怕伤着了她，怕她一撂挑子走了。

这样一来，我和她之间的供求关系就变了。她对我而言不可或缺，我对她来说可有可无。我对她的表扬和满意时时体现，她跳槽的心情，也不时表达。

家里的扫把有点旧了，她跟我说，要买一个新的，要不然这活不好干了。

有一次她跟我说，上一个老板家里房子真大，上下加起来三四百平方米，累死人了。语气里好像很嫌弃，隐约又有见过世面的傲娇。

还有一次，她直接向我发令，说帮我查一查，从这儿到那儿到底该怎么走？刚刚赶时间打的士过来的，现在要坐公交回去，有点麻烦。

我一直想，为什么她这么嗓门高财大气粗，而我却像个处处忍让的小媳妇。无他，关起门来，在这个屋子里，她是不可替代的专业人士，我却像个闲杂人等。我这样的雇主在外面等着排队，她这样的雇员却可遇不可求。光从家务这个角度来说，她几乎决定了我们家的日常秩序，存在感妥妥的。

说到打的士，我坐过一个非常牛掰的的士司机的车。他的挡风玻璃上，一字排开三大神器，手机、GPS、行车记录仪。手机上装了嘀嘀打车，要车的乘客就像在点菜，一路叫个不停；GPS上面能够显示路况的实时动态，哪里塞车、哪里顺畅，一目了然；行车记录仪呢，他的解释是这样子的，有了它，我们和乘客什么纠纷都很清楚，不怕碰瓷，也不会扯皮。

他面目清朗、棱角分明，制服穿得整整齐齐，很会聊天。他问我，你有些什么爱好呀？我有点语塞，每天都忙得像狗似的，除了工作这个爱好，还真得好好想一想。

他说，他很喜欢捯饬家里。家里的橱柜、桌子、椅子，都是他自己做的，绝对的私人定制，筷子上有每个人的名字，碗碟上刻了他们家的姓。不上班的时候，他喜欢做菜，收拾屋子，家里总是干干净净、一尘不染。所以老婆离不开他，他在外面开车特别安心。他说你看我这车子，好多司机的车，三五年就残旧得不像样子了，我这车都快八年了，还像新的一样。

我惭愧得说不出话来，我这个所谓CBD白领，加起班来晨昏颠倒，过得如此仓皇慌张，哪里有什么生活质量？

我自己开车的时候，会到一个地方固定洗车。洗车的是一对80后年轻夫妇，男人常穿牛仔裤，女人爱穿连帽衫，看起来蛮登对的样子。他们没有别的员工，洗车的时候两个人出动，一人拽着大毛巾的一头，各自站在车子一边，从车尾拖到车头，擦干车上的水渍。

他们俩经常聊天，最近新出了什么电影，阅兵式上有哪些领导人要来，几点去接孩子，晚上吃什么菜。女人很爱唱歌，她用手拧干毛巾的时候就憋着气，等着某个高音出来，男人就笑着看她，说音唱破了，或者说唱得不错。

傍晚的时候女人去做饭，会发现他们家的厨房，就是集装箱边沿和山坡的缝隙之间搭出的一小块地方，四面有些漏风，锅灶搭在简易的木台子上，看着有点悬。女人唱歌的间隙，大声问自己的爱人，这鸡你是想吃爆炒还是清炖，我就忍不住微笑，被她的大嗓门所感染。

这三个人，他们的职业不高大上，收入也相对有限，生活环境并非优越。在有的人看来，他们身处社会的底层，没有豪宅好车，听人差遣，干得不少，赚得不多，有的已经是悲催的命运。但我完全找不到理由、也没有资格，去同情他们局促的生活条件，反而心甘情愿，成为追随他们的铁粉。

钟点工把粗糙的事情做得精细，变成被需要、被追捧的专业人员。

的士司机的生活美学，令我们这些在大都市里打拼、没有闲暇欣赏美的乘客汗颜。

日子有声有色的洗车店女老板，说不定某天就登上了《中国好声音》，她的身影在洗车场轻盈进出，分明懂得如何快乐，比我们这些眉头紧锁的人幸福指数高出不少。

或许他们这一辈子的生活环境不会有太大的变化，最终也没有上演逆袭反转的神话，但你无法去质疑他们把日子过得越来越好的能力。他们都演绎好了在自行车上笑的样本，生活底气足足的。

本来，职业哪有什么高下尊卑，无非是今天你为我服务、明天我为你服务，大家在不同场所，交换各自的生活技能。身份对比也没有固定的强势弱势，不过是看谁更需要谁多一点。也不是成功人士才能成为青年导师，生活的智慧无处不在，不经意间，某件小事让你心里怦然一动，瞬间顿悟。

朋友李筱懿说，做个优质普通人没什么不好。她的文章里，有很多光芒不太耀眼但自带充电器的人物，他们未必是名流雅士、高官土豪，但始终有自己开阔向上的姿态，有敢做自己的胆量和能做自己的资本。

每个人的日子都不同，但其实又都差不多。总结起来，不过是心情起起伏伏，日子好好坏坏。坏日子往好处过，就是好日子；好日子往坏处过，就是坏日子。把好日子过坏的人，或许可以归咎于运气；但把坏日子过好的人，却是一种能力。

无论起点如何，被改善的命运，就是好命和好运。

学会分解目标

如果你有一个很大的愿望，大到你觉得实施起来比登天还难，不妨把你的大目标拆分成几个小目标，从最小的开始处理。如果你还不够明白，接下来的两个小故事会让你豁然开朗。

有个叫伊凡的砍柴人，一天上山砍柴迷了路，黄昏时在荒凉的山坳里发现有一户人家。"里面有人吗？"饿极了的伊凡上前敲门。

出来开门的是满脸皱纹的老太太。

"亲爱的老奶奶，您好！"口齿伶俐的伊凡又是敬礼，又是请安，"我想借个宿，行吗？"

老太太说："行呀行呀，住到柴房里去吧。"

"老奶奶，您再行行好，我一天没吃东西了。"

"可是我家也没什么可吃的，好在天很快就要亮了，你就忍耐一夜吧。"

"真小气！"伊凡心里叫苦，脸上却仍然赔着笑，"啊，没关系，没关系。不过，你锅子总是有的吧？"

"你煮什么吃呢？"老太太好奇地问。

"煮斧头。"伊凡从腰间取出斧头在水里洗得干干净净。

"煮了斧头怎么吃呢？"老太太想看个究竟，就把锅子借给了他。

伊凡把斧头和水放进锅里，烧了起来。一会儿，水烧开了，他尝了一口水说："要是放点盐就好了。"老太太就给了他一些盐。

伊凡又尝了尝说："要是再加点油，味道就更妙啦！"老太太又给了一点油。

伊凡把油放了进去，搅了搅，一尝，又说："要是再加点土豆，味道一定还要好。"老太太又拿出一捧土豆。最后伊凡说："可以吃啦，我们一起来吃吧，不过，最好再加点面粉。"老太太这时知道上当了，不过已到了这一步，也只好忍痛舀了一碗面粉。

这时一锅面糊糊熬成了。伊凡取出斧头洗了洗放好，然后很有礼貌地说："亲爱的老奶奶，我们一起吃吧！"

伊凡真是聪明！他本来是要向老太太讨点儿吃的，可是却遭到了无情地拒绝，而且看上去毫无回旋的余地。饿极了的伊凡没有死缠烂打，而是当即"放弃"了请求，转而讨要一口锅，声明要煮斧头，在老太太因为好奇心借给了他锅后，伊凡又向老太太讨要一点儿盐，得到满足后，又讨要一点儿油，再讨要一点儿土豆，最后讨要面粉。

原来伊凡并没有放弃自己的请求，而是把请求分解，来个以屈求伸，从细小目标开始，逐步达到满足自己全部愿望的目的。

大的请求往往让对方一下子难以接受，但从细小处开始请求，对方就容易接受多了，会尽心尽力加以满足的。这是一种请求的智慧。这种智慧常常会帮你大忙。霍尔莫赞是波斯帝国的王子，他就是用了这样的方法救了自己的性命。

霍尔莫赞在与阿拉伯帝国的倭马亚王朝作战中不幸被俘。军士把他押解到倭马亚国王面前，国王下令立即斩首。

霍尔莫赞向国王请求："噢，主宰一切的陛下，我现在口渴难忍，您宽宏大度，让您的俘虏喝足了水，再处死也不迟啊。"

倭马亚国王点点头，让士兵给王子端上一碗水。可是王子接过水，却不喝，用惊恐的眼神环顾四周。

"为什么不喝水？"士兵怒声呵斥。

"我担心,当我正喝着这沁人心脾的清水时,你们举刀杀死我!"王子抖抖索索地说。

"放心吧,"倭马亚国王显出宽宏大度的模样说,"谁也不敢动你的!"

"既然这样,陛下总该有个保证啊。"王子请求说。

"我以真主的名义发誓,在你没喝下这碗水之前,没有人敢伤害你。"倭马亚国王郑重地说。

听了这话,霍尔莫赞将这碗清水都泼在了地上。

"大胆,将他推出斩首!"倭马亚国王怒不可遏,厉声下令。

王子霍尔莫赞平声静气地说:"陛下,刚才您庄重地向真主发过誓,在我没喝完这碗水前不伤害我。我现在没有喝下这碗水,而且我也喝不到这碗水了。因为它已经滋润了您的土地。您理当履行君王的誓言。"

一个战败的王子,能够改变飞扬跋扈的战胜国国王处死他的决定,听上去简直是天方夜谭。但霍尔莫赞把这变成了事实。

霍尔莫赞面对倭马亚国王处死他的命令,没有直接求饶,而是请求赐予一碗清水,理由是自己现在渴得难受。对一个将死之人,这样小小的请求是很容易得到满足的。继而,霍尔莫赞又请求倭马亚国王答应不要在他喝水时杀死他。这又是一个小小的要求,对方同样也没有拒绝他。

其实,霍尔莫赞本意并不在一碗清水上,而是让自己活命,但若直截了当让倭马亚国王放他一马,显然是不可能的。霍尔莫赞从小要求切入,就是要为自己赢得转机。虽然,霍尔莫赞成功从刀口下逃生还运用了他的机智,但从小要求开始表达自己的愿望,是其通向最后目标的第一步。

把不容易实现的大目标拆分为几个小的目标,然后一个一个去实施。少一份生硬和莽撞,多一份睿智和技巧,从而成功实现你的愿望。这真是妙不可言,不信,你试试看。

{ 你的时间有限，
所以不要为别人而活 }

[1]

我和小马是一起长大的。

那一年，他从北京回家时，街坊邻居在他背后指指点点，"你看看他，穿的是什么啊，一副地痞流氓的样子，家里花了那么多钱让他到外地上大学，真是都白白浪费了。"

几个赤脚奔跑的小孩也前前后后地跟着他，好奇中藏着一丝丝崇拜，却装出一副轻蔑的嘴脸，喊一句"臭流氓"，然后一呼而散。

小马从小就喜欢画画，他读书特别用功，每天早早地起床复习功课，晚上提前写完作业，之后便一个人躲在屋子里画画。考大学时，家里人都希望他上师范院校，毕业后当名教师，安安稳稳地过一生，而小马却坚持选择了美术学院。

毕业以后小马没有回家，他在北京做刺青师。当时家人极力反对，三姑六婆都认为他不务正业，每天轮流打长途电话劝阻。

可小马还是坚持了下来。

我问小马："你就这么有自信自己做刺青师能成功？"

小马淡淡地说："世界上不可能每个心怀梦想的人最终都能干出一番大事业，但每个小人物也都应该有点追求。大家都说，人没有梦想和咸鱼有什么两样，却又都过着咸鱼一般的生活。我很喜欢乔布斯的一句话，你的时间有限，所以不要为别人而活。不要让别人的意见左右自己内心的声音。"

去年小马回来的时候，已经是三家刺青店的老板了，在业内小有名气。

而那些流言蜚语也跟着慢慢消失了。

在疲惫的生活里，我们常常有了英雄梦想却无法坚守，他人随手一泼冷水便浇灭了全部的热情。而真正的勇士却能用行动打破质疑，在生活中越挫越勇。

[2]

与佟丽娅的超高美誉度相比，陈思诚一直都是招黑体质。

观众不认可他的颜值，抨击他"又土又丑"配不上"女神"佟丽娅；不认可他的人品，谩骂他花心、没责任感；也不认可他的才华，他的处女作《北京爱情故事》热映后争议不断，甚至有传闻说他能突然顺利出品《北京爱情故事》是因为有强大的家庭背景。

面对这样的外界压力，他并没有浪费时间去解释，而是将所有的精力投入在自己的梦想上。他说："我是真的有故事想讲，有这种冲动和欲望，想把自己的一些梦想拿出来和大家分享。"

他开始沉迷于自己的电影世界里，揣摩每个角色、台词、剧情，召开一轮又一轮的剧本会，而后继续钻进各种书籍与影片里充电，不断地打磨自己的作品。

有人说，把眼前的事情做到极致，下一刻的美好便会自然呈现。

2015年底，陈思诚自编自导的悬疑喜剧片上映后，获得了票房与口碑双丰收。

网友们的态度立刻从"陈思诚凭什么娶佟丽娅"转为"终于明白佟丽娅为什么选择陈思诚了"。

"观众对我的印象，对我的感受是没有办法左右的，时间是检验真理的唯一标准。创作者唯一可以传递的还是他的作品和角色，我希望自己能用一生的时间给大家证明陈思诚是一个怎样的人。"

[3]

作为汽车发展较晚的国家，中国的汽车设计也常常得不到世界的认可。

当"泛亚"争取到了设计一台概念车用以展示未来一代别克设计语言的机会时，这对于曹敏和他的团队无疑是一个巨大的挑战。

一辆未来概念车的设计涵盖了庞大的工作量，不仅需要团队内部的协作，还需要与技术团队的磨合，缺一不可。

在设计过程中，曹敏与他的团队通宵达旦地将历史上所有别克车型全都研究了一遍，哪一款是最经典、最漂亮的？这些车型里有哪些特质？为什么是这个样子的？

在一片质疑声中，曹敏与他的团队用沉默和努力打了一场漂亮的翻身仗，向世界证明中国人也能做出世界上最好、最安全、最美的汽车设计。

当"别克未来"这款概念车在北美展出时，获得了很多国外消费者和媒体的诸多赞誉。

上汽通用汽车泛亚设计团队也凭借几部作品的累积，以"别克未来"概念车赢得了设计红点奖的肯定。

2015年12月31日，纪录片《上海100》播出了《设计未来》一集，展现了汽车设计领域的人与事。

别克品牌经历了百年风雨洗礼，离不开前赴后继、以灵感与实干谱写品牌发展乐章的汽车"创作者"们，他们也鲜活地展现了品牌生生不息的进取精神。

只有努力加上聪明，才能获得更好的收益

昨天我出门开会打优步，一早一晚，遇到了两位风格迥异的专车司机。

第一位，是早高峰的时候。载我的是一位年纪偏大的师傅，我一上车，他就问我说："怎么走啊？"

我说："跟着导航走吧。"

车开出去一段，就开始堵车，师傅挠挠头开始嘟嘟囔囔抱怨说："我早上6点就起来拉活了，等了一个小时才拉一单，现在你是第二单，哎呀，又赶上大堵车，哎！今天早高峰任务算是完不成了！"

"早高峰任务很难完成吗？"我特别喜欢了解各行各业人的状态，便问他。

"优步的政策是早上6点到10点算是早高峰，这段时间内拉够4单，平台奖励司机100块钱。"

"那不少啊！"

"你看我现在就堵在这儿了，我把你送到国家会议中心，一个半小时过去了，然后我还得空载回到这个地方等单子，任务肯定是完不成了……"怨气说出来，并没有让他好过多少。正说着，右边车道有车要并线，他厌烦地啪啪按喇叭。

虽然我不太明白为什么他在城里跑还要放空车到老地方等派单，但是看他一筹莫展的样子，肯定是单子不好接。

对于自己为什么完不成早高峰任务，他把这个责任都推给公司了："现

在公司太坏了，太欺负人了！他们标准定的这么高，故意让你完不成任务！对了，不然你下车后你再下个单，我抢着了就能完成任务了。"

我表示下车后还要赶时间，他便没有再勉强。虽然一路上他苦大仇深地给我灌输负能量，不过我还是在乘坐体验那一栏给了他五星好评，按照我下车时他所要求的那样。

下午从会场出来，又叫了一辆车。是个笑容满面的年轻人，我一上车就热情地跟我打招呼。

有感于上午的经验，我问师傅说："现在单子不好抢吧。"

"也没有啊，我早上6点出门，接单率还是挺高的。"

"那早高峰奖励能拉够吗？"

"我能啊。我还建了一个微信群，里面有两百多个司机，我老乡！都是跑优步的，"等红灯的时候他乐呵呵地展示给我看，"我老能完成任务，所以他们都加我，哈哈。"

他不仅能完成早高峰订单，拿到100块奖励，而且下午4点到晚上11点的订单也能够顺利领到奖励，又能拿到90块钱。

司机小哥表示早高峰完成奖励，光是等单是不行的，有的区域有私家车的比较多，自然不会打专车上班，等在那儿再久也没有用；还有就是，因为平台是靠接单量计算奖励的，所以长距离的订单一定会吃亏，再熟悉路况的司机也架不住三环四环堵两个来回。

经过他的细心观察和多次试验，发现西北五环的科技产业园区早上最好接单，那儿年轻人多，需求量大，而且基本上打车都是从宿舍到单位，最多也就是两三公里路程，轻轻松松完成任务。

专车司机一个月多的话能挣到一万多元，少的话几千元。同样是早上6点出车，晚上11点收车；同样是辛苦、单调的工作，却有不小的收入差距。虽然优步司机中，优胜者比一般人也就多挣大几千元钱，但是这说明了一个道理，在阶级、背景、起点和平台都高度相似的情况下，胜出的会是有心人。

而抱怨外界，投机取巧，幻想不劳而获，总觉得是命运故意来磨得自己没脾气，即便是拼命往前跑，也很难使自己的努力增值。

所以古龙说："聪明人是不会让自己吃苦的，但是不吃苦，又只能停留在小聪明阶段。"

《笑傲江湖》第二季，有位选手卖彩虹圈10元钱一个，一天能在街头卖出4万元钱，同样是街头生意，比别人卖的都好太多。刚开始评委还不相信，4万块就意味着要卖出4000个，怎么可以？

等节目开始后，评委们完全相信他能够卖出那么多钱，因为他把彩虹圈玩出十八般武艺，特别吸引人。

这个世界上努力的人有很多，聪明的人也很多。只有努力加上聪明，才能够获得更好的收益。

人要努力，但是不能低着头努力。

年轻的时候对于在高位者和白手起家的人有些偏见，总觉得他们要么就是入行甚早，要么就是运气奇好。这些人在我眼里就是投机倒把或者暴发户的代名词。这几年见了不少人，基本上把我之前对于有钱人的认识推翻掉，我发现这个世界上聪明人都在从事着赚钱的事情，而最聪明的人从事着最赚钱的事情。就现代社会来说，你获得的收入和你自己的能力是基本匹配的。

我们集团的老总，只要见过你一面，第二次就能够叫出你的名字，感觉特别亲切。有时候换身衣服换个发型进大楼的时候还会被保安拦下，让我出示工作证，所以他的记忆力实在是让我印象深刻。上次还见到某个创业型互联网公司的CEO，40岁出头，戴个眼镜，穿个格子衫，背着双肩包，看起来平淡无奇，但是一和他谈话，发现这个人真的是了不起，知识面之丰富，对于不熟悉的领域之虚心，让我佩服不已。

人的智力从科学上来讲取决于3个部分——神经智力、经验智力和反省智力。

其中，我们大多数人的神经智力都差不多，中国人平均神经智力105，大部分人从于这个水平，神经智力特别爆表的例子，比如说爱因斯坦。

经验智力，就是重复做一件事情能够达到的水平，比如日本纪录片《寿司之神》里面的小野二郎，他做寿司五十年，现在的手艺已经出神入化。

反省智力，就是你对于事情的判断、应对和积极心态。这是智力当中把人和人真正拉开的部分，也是最重要的部分。但凡我们所谓的聪明人，反省智力都比较高，而反省智力从根本上来说是一种逻辑思维能力，它能够使成功的结果放大。

所以那两位优步司机，在神经智力和经验智力基本一致的情况下，反省智力高的人，就可以在这个领域取得殊胜。

所以不是把一件事情重复100次就会成功，不断地重复而不思考，只能说你行动过，经历过；而在不断的重复过程中总结经验，积极思考，才叫作经验，是去芜存菁之后真正宝贵的东西。

在此过程中得到的一切，谁都拿不走。

你都没去做，凭什么说自己不行

稻盛和夫是世界著名的实业家，他在27岁时创办了京都陶瓷株式会社（现名京瓷），52岁时又创办了第二电信（目前在日本仅次于NTT的第二大通信公司），这两家公司又都在他的有生之年进入世界500强，且皆以惊人的力道成长。不过稻盛和夫说，他也有拼命工作但怀疑工作意义的时候，看看他是如何找到答案的——

人生总在迷惑之中。你越是认真工作，这样的迷惑或许就越深。你有时突然会疑惑："我为什么要这么做？""究竟为什么要干这项差事？"

越是认真、拼命工作的人，就越会思索劳动的意义、思考工作的目的。他们为这些人生最根本的问题烦恼，并常常陷入找不到答案的迷途之中。

我过去也曾经是这样。

在我工作的第一家公司，我反复进行着各种实验，有失败也有成功。当时在无机化学的研究者中，同我年龄相仿的，有人拿到了奖学金赴美留学；有人在优秀的大企业里，使用最尖端的设备进行最先进的实验；而我在一个如此破旧、衰败的企业里，连最起码的设备都没有，日复一日地做着混合原料粉末这样简单的工作。

"一直从事如此单调的工作，究竟能搞出什么科研成果来？"我问自己。再进一步地："自己的人生将会怎样呢？"想到这些，我不禁心灰意冷，一度过得很消极。

[每天比昨天进步一点,哪怕只有 1 厘米]

解除这样的迷惑,一般人的方法是和自己说:要预见到将来。就是说,不要将目光仅仅放在当下,而要从长远角度规划自己的人生蓝图;要把眼前的工作看作这长期规划中的一段过程。

这也许是合乎逻辑的方法。然而,我采用的方法与此相反——我采用短期的观点来摆正自己对工作的态度。

"将来会搞出什么样的研究成果""自己的人生将会怎样",我不再痴迷于这些不着边际的远景,而只是留神眼下的事情。就是说,我发誓,今天的目标今天一定要完成。工作的成绩和进度以今天一天为单位区分,然后切实完成。

在今天这一天中,最低限度是必须向前跨进一步,今天比昨天,哪怕只是一厘米,也要向前推进。我就是这样思考问题的。

同时,不单单是前进一步,而且要反省今天的工作,以便明天"要做一点改良""要找一点窍门"。在前进一步时,也一定同时有改善、改进。

奔着每一天的目标去,让每一天都有所创新,就会天天前进,天天获得积累。为达到目标,不管外面刮风也好、下雨也好,不管碰到多大的困难,我都会全神贯注,全力以赴。先是坚持1个月,再坚持1年,然后是5年、10年,锲而不舍。这样做下去,你就能踏入当初根本无法想象的境地。

将今天一天作为"生活的单位",天天精神抖擞,日复一日,拼命工作,用这种踏实的步伐,就能走上人生的王道。

[取胜之道：全力过好"今天"这一天]

每天，持续过好内容充实的"今天"这一天，我在经营公司的时候就一直坚持这一点。

公司创建至今，我们从来不建立长期的经营计划。新闻记者们采访我的时候，经常提出想听一听我们的中长期经营计划。当我回答"我们从不设立长期的经营计划"时，他们总觉得不可思议，露出疑惑的神情。

那么，我们为什么不建立长期计划呢？因为说自己能够预见到久远的将来，这种话基本上都会以"谎言"的结局而告终。

"多少年后销售额要达到多少，人员增加到多少，设备投资如何如何"，这一蓝图，不管你怎样着力地描绘，但事实上，超出预想的环境变化、意料之外事态的发生都不可避免地会出现。这时就不得不改变计划，或将计划数字向下调整。有时甚至要无奈地放弃整个计划。

这样的计划变更如果频繁发生，不管你建立什么计划，员工们都会认为，"反正计划中途就得变更"，他们就会轻视计划，不把它当回事。结果就会降低员工的士气和工作热情。

同时，目标越是远大，为达此目的，就越需要持续付出不寻常的努力。但是，人们努力，再努力，如果仍然离终点很远很远，他们就难免泄气。"目标虽然没达成，能这样也就可以了，差不多就算了吧！"人们常常在中途泄气了。

从心理学的角度看，如果达到目标的过程太长，也就是说，设置的目标过于远大，往往在中途就会遭遇挫折。

与其中途就要作废，不如一开始就不要建立。这是我的观点。自京瓷创立以来，我只用心于建立一年的年度经营计划。3年、5年之后的事情，谁也无法准确预测，但是这一年的情况，应该大致能看清，不至于太离谱。

做年度计划，就要细化成每个月甚至每一天的具体目标，然后千方百计地努力达成。

今天一天努力干吧，以今天一天的勤奋就一定能看清明天。这个月努力干吧，以这一个月的勤奋就一定能看清下个月。今年一年努力干吧，以今年一年的勤奋就一定能看清明年。

就这样，一瞬间、一瞬间都会过得非常充实，就像跨过一座一座小山。小小的成就连绵不断地积累、无限地持续，这样宏大高远的目标就一定能实现。这个方法就是最确实的取胜之道。

[别以现在的能力，限制你对未来的想象]

在建立目标时，要设定"超过自己能力之上的指标"。这是我的主张。

要设定现在自己"不能胜任"的有难度的目标，"我要在未来某个时点实现这个目标"，要下这样的决心。然后，想方设法提高自己的能力，以便在"未来这个时点"实现既定的目标。

如果只用自己现有的能力来判断决定"能做"还是"不能做"，那么，就不可能挑战新事业，或者实现更高的目标。"现在做不到的事，今后无论如何也要达成。"如果缺乏这种强烈的愿望，就无法开拓新领域，无法达成高目标。

我用"能力要用将来进行时"这句话来表达这一观点。这句话意味着"人具备无限的可能性"。也就是说：人的能力有无限伸展的可能。坚信这一点，面向未来，描绘自己人生的理想。

这就是我想表达的意思。

但是，很多人在自己的工作和生活中，很轻率地下结论说："我不行，做不到。"这是因为他们仅以自己现有的能力判断自己"行"还是"不行"。

这就错了。因为人的能力，在未来，一定会提高，一定会进步。

事实上，大家今天在做的工作，几年前来看，你也许会想："我不会做，我做不好，无法胜任。"可是到了今天，你不是也觉得这个工作挺简单的？因为你已经驾轻就熟了。

人这种动物，在各个方面都会进步。"神"就是这么造人的——我们应该这么思考。

"因为我没有学过，没有知识，没有技术，所以我不行。"说这话可不行，应该这样思考：

因为我没有学过，所以我没有知识，没有技术。但是，我有干劲、有信心，所以明年一定能行。而且就从这一瞬间开始，努力学习，获取知识，掌握技术。将来密藏在我身上的能力一定能开花结果。我的能力一定能增长。

对人生抱着消极态度，认为自己的人生就将以碌碌无为而告终，这样思考的年轻人并不多。但是，一旦面临困难的问题时，几乎所有的人都会脱口而出说自己"不行"。

绝对不要说"自己不行"这种话。面对难题，首先要做的就是相信自己。

"现在也许不行，但只要努力一定能行。"首先相信自己，然后必须对"自己解决问题的能力怎样才能提高"进行具体深入的思考。只有这样，通向光明未来的大门才会打开。

{ 别人的光芒终究只是你路上的风景与背景 }

生活中，我们总是因为看到别人耀眼的光芒，而忘了自己身上的光亮，在怀疑犹豫中看不清自己曾经认定的前方。

就像会车时，对方开远光灯，你顿时两眼一抹白，什么也看不清。可是过一会儿，你还是能看到前方的路。或者这个比喻不够恰当，但道理是相通的，当你看到别人锋芒毕露、闪闪发光时，不要妄自菲薄或盲目对比，也许你们走的压根就不是一个方向、一条路。

在这种时候，你应该做的不是羡慕别人的荣耀，也不是独自黯然神伤，而是要更加努力地看清自己的方向。

[1]

这两天陪朋友来杭州参加他同学的婚礼暨同学会。因为大学时候经常参加他们班的集体活动，很多人也都认识，同时也想趁端午假期去看看西湖美景。

同学聚会，一见面总还是要聊聊现在的近况：工作、房子、车子、女朋友、结婚、孩子……能聊的都逃不过这些。因为总不能老聊以前上学那会儿二货犯傻的事吧。

强子是朋友在大学关系不错的哥们儿，毕业后进入同一家央企，一年后两人又同去北京总部轮岗，在北京轮岗的半年，强子抓住机会跳槽到一家金融公司做业务，从此留在北京。而我的朋友提前回来继续待在原公司。两年多过去了，强子现在年薪34万，年终奖都是十几万打底，年薪和我朋友上司的上司相当。强子正在相亲，想找个北京妞，打算在好点的地段买套60多平方米的房子。

和强子聊完，我朋友心中不淡定了，很郁闷，跟强子相比，工资都不再一个量级了。觉得自己好穷，还完房贷、车贷、付完房租就只剩饿不死了。

我说，这么比有意义吗？一个在北京发展，一个在二线城市，本身工资水平就不同。当初强子选择留在北京的时候，你清楚地知道自己要回去走另一条路，现在你有房、有车，还马上有老婆（这人就是我），不是很幸福吗？一切不都在按照自己的节奏进行着，为何要因他人发展得更好而郁闷呢？

你只看到别人年薪二三十万，但你知道别人为此付出过多少辛劳？何况每个人的特质不同，适合的方向和抓住的机遇也不同。强子上大学那会儿就表现出很强的沟通能力，很会人际交往，喜欢涉猎各类文史科普，所以跟任何人都能聊得来。他能去金融行业做业务，跟这些特质和积累不无关系。而我的这位朋友，并不适合做业务。

所以，当看到别人比自己取得更大成功的时候，就难免会受刺激，但不是羡慕他人、菲薄自己的刺激，而是从中获得启发和鼓舞，更加努力地走好自己的路。要知道，那是你的人生，别人的路再好也未必是你要走的。

[2]

我有个朋友，在一家小有名气的摄影机构做首席摄影师。前段时间无意间看到了一篇关于高中前女友的专访。曾经被分手的一个平凡女生，现在已经成为3个月创造100多万销售额的90后创业女神，并在很多场合出席演讲，她的服装工作室越做越好，加盟店也在全国各地开花。

为此，我这个朋友心情很低落。想到当初分手的时候，自己踌躇满志，对方苦苦挽留……现如今对方已经取得如此成就，而自己却还是一个小小摄影师。虽然有过无数次创业的想法，却始终未能变成行动。他问我，我是不是也应该出来开个摄影工作室？

我没有回答他，因为这是他自己的事，想要的答案，他应该比谁都清楚。但我送了他那句话："是继续做摄影师，还是创业开工作室，你要问的不是我，而是你自己的心。无论你得出怎样的答案，只要不是因为他人的成功和光芒刺痛了自己而非要怎样，都好。"

没有谁的人生可以复制，也没有谁的人生只有一个版本。你从别人身上看到了无限可能，你有理由相信自己也有无限可能，但未必是和别人一样的可能。找到属于自己的可能才是一切可能的开始。

[3]

如果说上面两个故事多少带点负能量，那我表弟的故事就在悲壮中迸发出正能量。

先看看他这一路的坎坷：因为选择了读研，很爱的女朋友不愿意等，和他分了手。结果他考研失败，又错过了求职黄金期，找了个普通工作。空窗了两年终于谈了个聊得来的女朋友，但因为在S城没法全款买房（房价太高，不想让父母负担太重），分手了。而在此之前，他也因为公司内部变革，把工作辞了。

现在，表弟离开了S城，回了老家，听从家人的安排在当地一家不错的企业上班，一切重头开始。而他从小玩到大，同年毕业的哥们儿已经在S城有房、有车、有女友、有存款了。但表弟说，他不后悔，反而更加坚定了接下来要走的路。

我相信，表弟肯定也因为和哥们儿的巨大差距失落过，甚至觉得没面子。但在面对各种不顺时，他都能做出自己内心的选择，并坚定踏实地走下去，这点我认为就很了不起。

每个人的人生都有自己的意义。看起来表弟好像比他哥们儿落后了很多，现在什么都没有，还要重头开始。但你能说他考研的经历、恋爱的经历、工作的经历都是浪费吗？表弟家境殷实，一开始不愿意接受家里的安排和帮助，执意要靠自己在S城立足，最后虽然结局并不如意，但至少他去试了，如果重来一次，他还是会选择这样走。

人生的路，没有白走的。走之前，谁也不知道对错，也根本没有对错，要不要掉头或转弯，要走下去才知道。

[4]

生活中我们难免会有这样的心理，看到别人在社交平台上的状态更新，越美好心里就越不平静。太过关注别人的动态，会打乱自己的步调，有时被外界刺激，一晚上内心不说是翻江倒海，至少也是微澜频起。我总安慰自己"'不以物喜，不以己悲'，要坚守你的心。"

你的人生不是为了衬托别人的闪耀，你的努力也不是为了遮盖别人的光芒。

要知道，你总有自己的生活，跑到别人的轨道上的火车，永远到不了你想去的目的地。

你要相信，每个人的人生都无法复制，别人的光芒既照不亮你的前方，也抹不掉你身上的光芒。别人的人生能给你的只有启发和思考，你需要的不是效仿，而是更用力地看清自己的前方。

只要坚持往前走，别人的光芒终究只是你路上的风景与背景。只要走得足够远，再耀眼的光芒都将甩在你身后，或许在别人眼里，你留下的也是一个万丈光芒的背影。

前提是，你得能听到自己内心的声音，深知自己想要的。

别人在拼命努力的时候，你在干什么

我有个朋友，性格内向，不善交际，毕业后在家待业，问她未来打算时总是壮志未酬："准备考公务员。"

撑不住年年失利的打击，终于在另一个朋友的帮助下，在一家小有名气的影楼做美工。

因为都在一个城市，晚上总会不时聚聚，刚开始大家体谅她不是对口专业，抱怨工作难做也是情理之中，遂纷纷表示安慰。

只是到了后来，聚会渐渐演变成她一个人的抱怨专场脱口秀，大家安慰不能，慢慢地聚会的心思也就淡了。

接到朋友电话的时候，正是工作时间，我在整理材料，简单寒暄两句便直接问她是不是有什么事，可以直接说，只是朋友似乎没有听出我的意思，依旧用平时不紧不慢的语调先是说了自己实在适应不了原来的修图工作，要求领导换了工作，现在在给影楼拉业务之类，业务并不好做。我打断她还要准备继续的吐槽，带上耳机："我下班时间会帮你问问，不过我的同事基本都结婚了，你也不要报太大希望。"

朋友瞬间变得很激动，说没关系，没有结婚的个人写真还有宝宝照，都是有优惠的。

"那如果是婚纱照都有什么优惠，外景一般都有哪些？有什么套餐可选？"问完，我拿出笔记本，准备顺便记一下。

朋友愣了一愣，期期艾艾："我刚做，还不太了解，要不，要不你去我朋友圈看看去，我把优惠活动的方案都分享了。"

……

我有些不可置信，不过还是答应了下来。

抽空看了看她的朋友圈，满满都是各种转发分享，其中还夹着个人心情的分享，大体看了看关于套餐的优惠，下班的时候我问了几个相熟的同事，大家兴趣缺缺，只有一个已经订婚的同事表示自己倒是打算照婚纱照，不过因为工作原因得等到十月一才有时间拍。

回去的时候给朋友说了一下我同事的情况，朋友有些不高兴，问我："你再帮我问问你的同学或者家人好不好，你知道的，我实在拉不到业务，组长很不高兴，还有，你在你的公众号还有微博上帮我宣传一下我们影楼呗，你认识的人那么多，又不费你多少时间。妹妹，我知道你最好了，帮帮姐姐吧。"

朋友一席话说得毫无压力，觉得这些都是理所当然，我却并不苟同。

诚然因为写写小说发点小文章什么的让我公众号、朋友圈有不少的朋友，有的也是十分聊得来，关系不错，所以平时发点东西也有不少回应，但我也有一个原则，从不发转发的类似广告或者号召性的图文。

所以我很认真跟朋友解释了一下不能帮忙转发的原因。

挂电话的时候朋友并不怎么理解我，还是要求我再问问。

之后的几天，朋友圈QQ上收到无数朋友群发的信息。

又问了问周围的同事，一样的回答，我也就不了了之。

前天上午，又接到朋友电话，电话那头朋友很是焦急的语气："你上次不是说有个同事准备照婚纱照吗，你能不能帮我劝劝她现在照，现在很优惠。"

终究还是朋友，上次没有帮你感觉很抱歉，于是决定帮她再问问。

我问朋友："我再帮你问问，你说的优惠项目是什么？我跟她说说。"

朋友的回答让我震惊："具体太多，我记不下来，要不我把我组长的电话给你吧。或者你给我你同事的号码让我组长跟她说。"

最后，事情意料之中的还是没有谈成。

我没有把同事号码给朋友，仅仅留下来一个组长的号码，也没打过。

作为朋友没有帮成忙除了略有羞愧，感受最多的却是对这个朋友的无奈。

开始时毕业专职考公务员这件事虽然不怎么让人理解却也无可厚非，毕竟人各有志，专注于一件事并不是错，只是后来朋友的表现确实令人遗憾。

美工的工作固然繁杂且要求专业，可什么东西都不是人生来就会，学校学的必然有限，即使是专业的学生刚踏入工作岗位也都是从头开始，并没有什么区别。

只会抱怨却不努力学习怎么可能会胜任工作，后来的业务，朋友更是做得一塌糊涂。

我不知道一个业务员的专业知识是什么，更不知道内部的安排如何，但我知道，作为一个要拉业务单子的业务员，如果连自己要推销的东西都不了解，即使你的产品真的好，别人又怎么会认可你的推销。

我们都知道每个人不是都生而平等，可是每个人却都有改变生活的权利。

不努力学习技能，不努力脚踏实地，不努力充实自己，却在抱怨别人不帮你，抱怨工作难做，抱怨生活抛弃你，可是却忘了，你有什么资格让生活眷顾你。

别人在拼命努力的时候，你在干什么？感叹命运不公，嗟叹情感蹉跎，纵情大好山河，体验小资生活……

如果这样的你也能成功，那才叫真正的社会不公。

请珍惜你上场的机会

"当你意识到生命有多宝贵的时候,你就会特别惜命,但惜命最好的方法不是养生,而是折腾自己,把自己的生命淋漓尽致地燃烧透了……"

人越长大越惜命,开始在"平平淡淡才是真"的"信仰"中接受安静,更将生命"保护"起来,不再折腾,他们的生活开始像巴黎般"诗意"。

但诗意的生活更适合垂暮之年,年轻应像纽约般写实,应该去折腾,在有限的时光里活得精彩、丰满。不辜负只有一次的生命。

[工作上折腾,是对梦想的尊重]

世界上,成功的人有两种,一种是"傻子",一种是"疯子"。

"傻子"在工作中的最高境界是安分守职,他们害怕挑战,对压力恐惧;"疯子"则在工作中力求折腾,燃烧自己的热情去挑战,体验工作所蕴含的温度与厚度,在折腾中进步,在进步中实现梦想。

[不出去折腾,有负生命给你的上场机会]

斑驳如画的风景是大自然对人类的慷慨,出去走走是生命对人生的期待。你的世界,有多少风景停留在光影和别人的描述中?再不折腾就老了,有些风景或许真的不能亲眼去感受了。

[生活里不折腾，拿什么回忆]

年轻的生活点滴构成一本青春纪念册，是折腾不动时候的回忆。趁年轻，趁当下，工作之余不要再一个人安静在自己的世界里，多陪陪家人，多看看朋友，偶尔喝点小酒、夜里狂欢都没关系，珍惜能在一起的时间，多去制造回忆。

[远方若是吸引你，那就去折腾]

人最宝贵的东西是生命，生命属于人只有一次，相同的时间里，比别人体验更多你就拥有更多。趁着年轻，趁着时间与身体还允许你行走：请珍惜你上场的机会，未知的鲜活若是吸引你，那就去折腾。

第三章

认识自我，改变自我

{ 你既然选择了远方，又何必要在乎走多远呢 }

[1]

有人曾说，自信和希望是青春的特权。但奇怪的是，我们身边绝大多数的"20多岁"，都处在一个焦虑不安的状态，总是害怕来不及，怕到最后什么事情都做不成。

小A说，我今年读大二，在一所三流的学校读着自己并不喜欢的专业，经常翘课宅在宿舍里打游戏，没有女朋友，没有社交，一想到很快要毕业了就无比焦虑，但是却不知道该怎么办。看着以前的那些高中同学都在各自的学校混得有头有脸，有些甚至提前拿到了工作offer，我连老家的同学聚会都懒得参加，不知道以后的路要怎么走，怕自己毕业了连个像样的工作都找不到，只能灰溜溜地回老家。

B君说，我今年26岁，在国内一所高校读研究生，眼看着身边各种厉害的人发表论文出研究成果，自己却毫无建树，很着急，很害怕。

C君说，我今年刚刚毕业，起初还有很清晰的规划和目标，可是到末了还是乱了阵脚。我并没有想好自己要成为什么样的人，想要一个什么样的将来。我和男友的家乡一南一北，爸妈坚持要我回老家考公务员或进事业单位，过上他们口中安逸、舒适和体面的生活，但我不喜欢啊，结果整天浑浑噩噩的也没考上。一个月3000元的工资，你还记得那个笑话吗？一个月3000元你就想请个农民工，简直是笑话，3000元你只能雇一个大学生。一想到这里我就无比心酸，可家里人3000元的工作不让我做，又不让我进企业当一个普通的上班族，甚至连恋爱都不让我谈。他们宁可把我关在家里，让我"二战"公务员考试。我好害怕，不知道后面的路怎么走，我没有豁出去的勇气。

D君说，到2015年7月，我就毕业两年了，毕业后就一直在现在的单位工作，但是两年的时间里，工资没涨过，职位没提升过，事业上毫无起色，谈了5年的恋爱不咸不淡，最近还面临着"被分手"的尴尬处境……我像是一望无际的海洋上迷失方向的船只，看不到方向，看不到未来，甚至看不到我来时的路，只能走一步算一步。

你看，有这么多"20多岁"的我们，一样的20多岁正青春，一样的那么害怕。

[2]

深深地陷入20多岁困惑和害怕的泥沼中的你，可曾停下来，安静地思考你为什么会害怕？我在简书上写了《你才20多岁，为什么总怕来不及》后，短短几天内浏览数达8万多，喜欢达2100多个，引发了很多人的共鸣，很多人说我写出了他们的心声。于是，我花了一段时间思考，我想知道我们害怕的原因，想把它们写下来，也许这样更能够帮助迷茫困惑中的每一个我们。我想我们大部分人的害怕，是出自以下几种原因吧。

（1）能力与野心不匹配

也许你是一个胸怀大志的人，也许你有许多远大的梦想，你甚至梦想着改变这个世界，或者改变人们的思考方式和行为模式。如果你在互联网领域创业，也许你想开创一家打败BAT的公司；如果你是一个文艺工作者，也许你希望全世界看到你的作品，听见你的声音，欣赏你的画，读懂你的文字；如果你是个初出茅庐的应届毕业生，你希望自己在职场上锋芒毕现、一展才华。

然而，理想很丰满，现实很骨感。你的梦想很远大，但你的能力与野心却并不匹配。如果是这样，那不如把大大的梦想切割成一个又一个分阶段的目标，逐个击破，一一实现，用一个阶段又一个阶段的努力和奋斗，让自己越来越靠近最初的梦想，最终的目标。同时，审视自己的优势、劣势，将长板的优势发挥到极致，将短板的劣势一点点补上，直到自己的能力与野心相匹配。

（2）读书太少，经历太少，想的太多

你有没有想过你的害怕，是因为自己读书太少，却想得太多了？

由于时间、空间、经济条件和社会资源的种种制约，我们每一个人看到的世界和风景是有限的，见过的世面是有限的，所以我们是无知的，是狭隘的。很多时候，我们以为眼前的困难和绝境是无法逾越的鸿沟，是一种永恒。直到现实告诉我们，所有的问题终将是时间问题，所有的烦恼终将是自寻烦恼。你20多岁的时候，觉得自己一无是处，身无长物，但你有没有想过你所羡慕的那些三四十岁事业有成、家庭美满的人，他们也是从一无所有的20岁过去的。而你的20岁，也只是你人生旅途中的必然经历的一段路径而已。

所以，与其胡思乱想地自寻烦恼，倒不如多读点书，多走出去看看这个世界，也许你会发现一个不一样的维度。举个例子，你很苦闷每个月只有3000元的工资，吃完饭、付了房租就什么都做不了，但是当你去了土壤贫瘠、贫穷落后的非洲时，当你看到那些孩子连舒服地洗个澡、吃一顿丰盛的饭菜都是一种奢望时，你还会那么痛苦那么纠结眼下的经济窘境吗？当你知道贫困破败的尼泊尔，一个南亚内陆山区的弹丸之地，却有着"世界上最幸福的国家之一"的美誉，那里的人们生活简单而心满意足时，你会不会从另外一个视角去审视自己的人生和生活？会不会觉得物质的贫乏并不是我们痛苦的根源，欲望和比较才是？

（3）要的太多，欲望太重，做的太少

你想要的太多，但你做的太少。你既想要像"世界那么大，我想去看看"的事件主角一样，拥有那份勇敢去看世界的潇洒和决绝，又想要像舞台上逆袭的屌丝一样，分分钟当上总经理、出任CEO、迎娶白富美，华丽转身为人生赢家，你什么都想要，所以你什么都得不到。

从0到1是量变也是质变，你是不可能跳跃步骤，直接得到想要的结果的，因为你不是神，因为你的人生没有特效和外挂。你不可能在年轻的20多岁，既心心念念舒适和安逸，又怀揣一个励志奋斗的美梦？什么都不用做，就可以成为人生赢家？你想得好美啊，你以为你是王思聪吗？而且就算是王思聪，他除了靠犀利言辞博眼球之外，他做成了什么凭借个人实力令人瞩目的事情吗？如果你说有，那么对不起，是我太无知了。如果你说他拥有的金钱和地位使得他根本不用靠实力证明自己，那么很好，我想我们不是一类人，这篇文章大概也不会对你的胃口，你不用看下去了。

欲望原本是一张白纸，本身没有对错，也不懂得区分对与错，是人们受着欲望驱使做出的选择和行为使得欲望沾染了不同的颜色，有了不同的定义。所以，你想要很多东西，这并没有错，只要你的"欲望"不违反道德与法律，不侵犯他人赖以生存的权利，那么就去追逐你想要的好了。你想要的太多？物质、金钱、爱情，你都想要，没有关系啊，慢慢来啊，用你的努力换取一个个事业、爱情、生活上的成功，直到你慢慢地得到所有自己想要的。就算你没有得到自己所有想要的，也没有关系，人生这场旅行注定了会是不完美的完美，多少会有遗憾，多少会有不甘。我们所能做的就是在自己有限的时光里，尽最大的努力，把人生变成我们喜欢的样子，无限靠近我们喜欢的样子，这样就够了。

（4）落后太多，害怕追不上同龄人

这个世界山外有山，人外有人，我们所处的这个世界，我们所生活的周边，都存在着太多神一样的人物。也许你觉得不公平，为什么有些人天资聪颖，小小年纪就考上世界顶级名校，为什么有些人含着金汤匙出生，衣食无忧、顺风顺水，为什么有些人明明和自己读同样的学校，吃同一个食堂，就是在能力与才华上秒杀你好几个段位？你想不通，更觉得不公平。你着急，你害怕，你怕自己永远也追不上他们。

而我想要说的是，人生这场赛跑本来就毫无公平可言，起点和终点都不公平，你无法选择自己在一个什么样的家庭出生，无法选择自己的长相和天分，更加无法选择自己在一个什么样的时间节点、什么样的情景和氛围下离开这个世界。对于这样一个注定了不会公平的事情，没有什么好抱怨的，因为抱怨也没有用。难道，你现在马上自杀，用投胎转世去换取一个更好的人生？

至于落后于人，仔细想来也不算一件太糟糕的事情啊。难道你不想先抑后扬，享受一下从落后于人的籍籍无名到一朝成名KO对手的淋漓快感？太简单的人生，就像太过简单的游戏，一点都不好玩。打败几个虾兵蟹将有什么意思，干掉大BOSS才算有点意思。

与其"临渊羡鱼，不如退而结网"。与其深陷与身边牛人的巨大差距带来的"落差感"中无法自拔，倒不如安安静静地积蓄自己的能量，直到你的能力爆发出耀眼的光芒，被全世界看到。

（5）根本没有目标，不知道自己要什么

有很多迷茫的20多岁，正在经历着恼人的害怕，是因为他们还没有想清楚自己究竟要什么。他们不想随波逐流，不想过被安排好的人生，可是他们又不知道自己要什么，连与命运抗争的热血和动力都没有。

如果你没有目标，就去找目标。如果你不知道自己想要什么，就努力去想清楚自己究竟要什么。如果你确实无从下手，那么不妨去向一个人生阅历和资历都长于你，却又不会倚老卖老的人寻求建议。如果你身边没有这样的人，那么不妨尝试着远离周遭喧嚣的世界，一个人安静地思考，静下心来，我想你总会发现点什么的。如果你还是不知道从何处下手，那么不妨从自己的性格、兴趣和爱好着手思考？想想什么是自己喜欢且擅长的，或者会有意外之喜。我自己是英语专业的本科毕业生，但毕业后却去了一家广告公司做策划。毕业的时候，我开始也不知道自己要做什么，后来我想了好久，发现自己一直都喜欢思考，喜欢写，喜欢组织策划活动，喜欢去影响别人，所以我选择了一份广告策划的工作，后来也做得很开心，虽然很辛苦。

（6）努力了，但看不到效果，越来越茫然

有些朋友跟我私信或者发邮件聊天，他们说努力了还看不到效果，所以越来越茫然，干脆放弃算了，再也不相信什么努力了就一定会成功的屁话。对此，我只想说，努力了不一定会成功，但是不努力你一定不会成功。努力以后，好歹还能看见一些未来的画面，或是半只脚踏进成功的门槛，不努力可能连成功的影子都看不到。

绝大部分人在努力的时候，是不知道且不确定自己什么时候会成功的，所以他们能够做的就是一直努力，一直优秀。说一个我们从小到大都听过的故事吧。爱迪生发明电灯做了1500多次实验都没有找到适合做电灯丝的材料，有人嘲笑他说："爱迪生先生，你已经失败了1500多次，还要继续吗？"你猜爱迪生怎么回答的，他说："不，我没有失败，我的成就是发现1500多种材料不适合做电灯的灯丝。"后来经过进一步实验，爱迪生终于发现用炭化后的日本竹丝作灯丝效果最好。直到1906年，爱迪生又改用钨丝来做，使灯泡的质量又得到提高，一直沿用到今天。成功有时是需要试错的，说得再直白一点，失败是成功他妈。再说一个最近大家都喜欢的歌手吧——李荣浩，从台后到台前，从默默无闻的制作人到人气火爆的流行歌手，人家也走了10年啊。如果他中途畏难放弃了，那么也不会有今天的他，不会有我们喜欢的《李白》《模特》《老街》和《太坦白》。

与其茫然苦闷，倒不如把眼前的失败当作一种历练，当成靠近成功的垫脚石。在失败中积累经验，在失败中寻求新的方法和秘诀，只要你一直坚持，我想你终究会成功的。你之所以还没有成功，可能恰恰是因为你做的还不够多，你做的还不够好罢了。

[3]

我一直相信，20多岁正青春，是我们所能拥有的最好的时光。自信和希望是青春的特权，努力和奋斗是青春的主旋律，我们不必害怕，不必不安。你既然爱一个人，你何必要计较花多长的时间才能追到人家？同样地，你既然选择了远方，又何必要在乎走多远呢？

想清楚，你的努力是为了谁

[1]

过年放假在家，我姨跟我说了件事。

有一天她跟我妈聊天时说："别那么拼命挣钱了，这么大年纪了，差不多行了呗。"

没想到我妈回答："不行啊，还是要挣钱，要给女儿攒嫁妆。"

如果你们看过我以前的文章，一定知道我是个极力追求男女平等的人。但同时，我又坚信，要追求平等的权利就要做出相同的付出。所以你们差不多会猜到，我父母也是这样的人。因为这就是他们给我的教育。

我妈说的"攒嫁妆"八成是为了哪天我出嫁的时候，在婚姻里能获得比较对等的地位。如果我嫁了有钱人，他们怕我因为没钱被婆家人轻视。如果我嫁了没钱人，他们更怕我俩因为都没钱而生活落魄。他们希望的，是尽自己最大的可能，让女儿以后过得好一点。

恰好也是那天在微博上看到一句话："生活从来都不容易啊，当你觉得挺容易的时候，一定是有人在替你承担属于你的那份不容易。——致父母。"

我差点泪奔。

想想这几年，当我觉得钱赚多赚少都没关系的时候，我年迈的父母供养我长大成人、读书毕业之后，还要精打细算着供养我以后的生活。

当我被毕业之后的安逸所打败，觉得工作努力一点还是不努力一点都无所谓的时候，我年迈的父母还在想着竭尽全力地赚钱攒钱，为了我以后不吃亏、不吃苦。

这社会上有多少大学生，在父母起早贪黑工作的时候，每天睡到日上三竿才起床。又有多少年轻人，因为找不到工作或找到的工作太辛苦，就安心地躲在家里当啃老族。

可是即便这样，父母也从没指责过我们一句话。

父母最爱说的，不是"拼命学习、拼命工作、拼命赚钱吧孩子"，而是"在外面照顾好自己，吃好喝好啊孩子"。

就像我们办公室的大姐，舍得给儿子买最贵的衣服，却舍不得给自己买最便宜的衣服。

就像我们多少人的爸妈，孩子在家时数菜一汤满汉全席，孩子不在家时清粥淡饭草草了事。

想到这些，我真的羞愧得抬不起头。

所以你们知道我为什么过年期间克服了以前的懒惰，坚持写写写，每天发文了吧。

以前我觉得写字只是一个爱好，有灵感的时候写写，没灵感的时候歇歇就行了。就算以前我的编辑多少次苦口婆心地劝导我，要把写作当成一份正式的职业来经营才可能走得更远，我都没听进去。

可是听了我姨和我妈的那段对话之后，我第一次实现了前所未有的勤奋。

假期结束重新开始上班之后，为了在一份全职的工作之外写文章，我有时熬夜特别晚，有时起床特别早。

而且大部分时间，我的脑神经处于极度分裂的状态。工作的时候我是做财务的，需要极度理性，确保每一个数字正确，但凡有一点失误付出的就是真金白银。写作的时候我又需要极度感性，拼命地调动所有风花雪月的细胞。更别提，为了保持语感和对文字的敏锐度，我几乎每天都要逼迫自己看一本书。

我妈跟我说："你别那么费劲地写文章了，做好自己本职工作就可以了啊。"

我根本不会听，就像他们不会听我的一样。

我们互相劝说，却从不妥协。

是因为我们都觉得，自己再努力一点，家人就可以活得稍微轻松一些。自己再多吃一点苦，就能把那份"不容易"从家人的身上转移到自己身上吧。

[2]

前几天，我发了一篇文章之后，看到一个男生在后台的回复，说："你们女生还要掌握自己的命运，那买房、买车的时候你们不是还要靠男人靠老公啊，你们怎么不自己买。"

我看了这句话，当时就火了。

我只想说，你见过的女生是不是太少了。

别提前不久杨幂在《金星秀》上被问及给自己父母买房需要跟刘恺威商量吗，杨幂说不需要啊，因为我买得起。

我身边有多少个不是明星不是名媛的普通女孩子，不仅给自己买房子，还努力在自己工作的地方给父母买房子，为了让父母享受儿孙绕膝的天伦之乐。

我的高中同学，拼尽全力地工作，经常在办公室加班到半夜。大家都劝她："你何必那么拼呢，毕竟生活已经没什么负担了。"

她说："我想赚钱在我家附近也给爸妈买套房子。为了让他们住得舒心，我不想用老公的钱，也怕婆婆家有意见，还是想用自己赚的钱给他们买。"

她说:"自己最难过的时候,就是看到爸妈来看外孙时依依不舍的样子。"

因为爸妈离自己太远,偶尔来看外孙,也不便久住。儿子年龄还小,不能长时间离开家,所以每次妈妈来看孩子,走的时候都眼圈泛红。

现在她终于给他们买上房子了,爸妈想看外孙就看外孙,想回家逛逛就回家逛逛,她觉得自己的幸福感提高了一大截。

所以我们那么努力地工作,不就是为了让他们不必那么辛苦吗?我们那么努力地生活,不就是为了让他们可以尽情地享受生活吗?

我欣赏这样的女孩,欣赏她们对家人的付出、回报和担当。就像那句话说的,"为了你,万箭穿心我都可以忍耐,更别提九鼎压身。"

为什么我们一定要努力,就是因为父母对我们的爱,我们其实连万分之一都偿还不了。但是,不能因为偿还不了就放弃吧。

我们总能找到最好的方式,去爱他们。

我们总能找到一种方法,去将那万分之一的偿还提高到千分之一、百分之一。

[3]

看《奇葩说》海选辩手,有一期我印象特别深刻。

去的人叫师洋,是2006年一个选秀节目的人气冠军,但最近几年他淡出娱乐圈,去开了一家淘宝店,经营得很好。

节目里他谈到自己为什么做出这样的选择,是因为2010年他去参加湖南卫视的另一个选秀节目,期间妈妈一直没联系他。比赛结束之后,他发现妈妈瘦了三圈,才知道她在他比赛期间去做了一个肿瘤手术。是这时候,妈妈才告诉他,做完手术后家里其实非常窘迫。

他说:"当我去追求我的梦想的时候,却发现妈妈手里剩下的钱只有几千了。这个时候我就决定,将自己的演艺事业放到一边,先面对现实。金钱虽然不是万能的,金钱虽然不能买来梦想,但金钱至少能给家人带来安全感。"

现场很多人眼圈都红了,那种动容一定是因为感同身受。

所以每当有朋友给我发私信问,自己也想休学(辞职)去环游世界、实现梦想该怎么办的时候,我的回复里,第一句话就是:你花谁的钱。

我不是不赞成我们的梦想,我只是希望我们不要再用父母的血汗钱来浇灌所谓的梦想了。

当我们满世界咋呼着要实现梦想的时候,有谁问过父母的梦想。

因为他们的梦想太简单了——就是看着我们过得好。即便有时候我们的选择太任性和离谱,他们也愿意倾尽全力去支持,不是因为别的,就是因为爱。

看了那期《奇葩说》,相比于以前的师洋,我更喜欢现在的他。因为当主持人问他,万一你这次失败了,没有入选怎么办。

他很淡然地说,没关系啊。我有自己的收入,回去继续开淘宝店就好了。

所以我们为什么一定要努力,就是为了在梦想和现实之间能够做到两全,就算暂时做不到,也不需要牺牲父母来成全我们的梦想。

努力之后,也许只是晚一点实现梦想,但至少我们不会让父母深夜忧心、焦虑不安了。

努力,不仅是为了我们能好好生活,更是为了父母也能好好生活。

我另一个朋友,高考之前千方百计想学哲学。成绩出来报志愿的时候,他填志愿全填的哲学系,他的梦想就是当个哲学家。

他爸不同意,理由跟当年我爸不同意我报中文系一样,觉得不如金融什么的专业好找工作,但他宁死不从。

最后他爸不得不偷偷去了学校,找到老师,把他填好的高考志愿卡(当时我们还是涂卡报志愿的,像涂答题卡一样)改了,全改成了金融。

收到高考录取书的时候,他大吃一惊,当场就跟他爸翻脸了。

没想到一贯强硬的他爸说:"对不起儿子,爸爸没用,不能给你自由自在选择专业的生活,这是爸爸的错。如果爸爸有本事,能让你不管学什么专业、不管有没有工作都衣食无忧就好了。"

他听了特别难受。

所以上大学,我们都睡觉的时候,他早早起床考CFA。我们都逃课的时候,他天天正襟危坐,每门课成绩都是最高。寒暑假我们都疯玩的时候,他在家附近找个地方上自习,刷托福成绩。

他现在在投行工作,年薪30多万,但每每想起爸爸当年的那段话还是觉得心酸。

我听他讲这一段故事,也特别难过,因为可怜天下父母之心,我爸一定和他爸怀着同样的想法,才为我做出了同样的专业选择。现在的我们,虽然没学自己最想学的那个专业,却仍然在生活中坚持了那一年的初衷,这不能不说是父母的苦心。

他说:"我这么努力,就是不想让爸爸再对我说对不起,也不想以后对自己的孩子说对不起。我希望自己成功的速度能再快一些,一定要快过我爸老去的速度。"

[4]

以前别人问我为什么要努力的时候,我曾经写过一段话:"是因为人生有那么多就算你努力了也无法掌控的东西。比如你寤寐思服的那个人的心,比如父母渐渐老去的容颜,比如时间如流沙一般无可挽回的逝去。所以,对于那些努力了便能扎扎实实握在掌心的东西，为什么不珍惜、为什么不争取呢？"

可现在从文艺落到生活里，如果你再问我，为什么我们一定要努力？

我想着遥远的辛苦的爸妈，只想说：

"没有那么多理由，就是为了让他们可以不必那么努力。"

让自己经得起考验

[1]

这已经是张小函投的第三份简历了。电视上一个美女主播正说着今年大学毕业生将遭遇最冷"寒冬",成都企业的月薪甚至已降至600元。张小函瞅了一眼,没有多说话,继续在电脑上打她的字。

第二天一早,张小函突然接到了吉祥鸟公司打来的电话,通知她上午8点到公司总部面试。进吉祥鸟一直是她的梦想,张小函想都没想就招了辆的士。

直到中午12点,张小函已经连续过了四轮面试。现在是最后一关了,公司似乎对这个来自民办大学的农村女孩特别感兴趣。坐在她前面的竟然是公司的郭总经理。

张小函神情镇定地坐了下来。郭总经理说:"从各方面说,你都是一个非常优秀的人才,我们仔细调查了你的学习经历,发现你的努力和自信超乎常人。我们很欣赏你这点,但吉祥鸟是一家国际性大公司,你将要面对众多有形或者无形的压力。你认为你能接受这么残酷的挑战吗?"

张小函不假思索地说:"我最大的特点就是经得起考验,有自信。我相信,这也是我今天能站在这里的原因。"

[2]

一个月后，张小函坐到了策划部的办公室里。

第一天上班的时候，策划部部长就把她喊进了办公室："今天你的任务就是把这里给我收拾干净。什么时候完成了，就什么时候下班。"

张小函没说话，转身拿来拖把和抹布。出门的时候，同事都看着她，其中一个还走过来小声说："小函，小心点，他可是只会吃人的'金钱豹'。""金钱豹"是大家送他的绰号，大名叫钱国安，据说是董事长的外孙，在公司里没有人不让他三分。

张小函上班的第一天就耗在了劳动改造上，下午6点，当她拖着疲惫不堪的身体走出公司大楼时，正好遇到了钱国安。他冷冷地说："听说你是这次招聘中出现的最大黑马。不过光有自信是不够的，最重要的是脚踏实地做好本职工作。"张小函没说话，心里却想："我又不是来当清洁工的，有必要用这种方式来折磨新人吗？"

一周后，张小函终于拿到了第一个活动策划案，是关于总公司元旦晚会的。由于她出色的组织与策划能力，晚会取得了圆满成功，小函因此得到了老总的表扬。第一个策划案办得如此顺利，张小函不免有些得意，却没想第二天一大早，所有同事看她的目光都怪怪的，尤其年纪大一点的同事，更是在背后指指点点。刚坐下不久，钱国安就进来了，气愤地说："这个元旦晚会比预想的超支很多，下次要注意。"自此后，钱国安似乎特别针对她，只要她稍有差池，批评和惩罚就会接踵而至。

[3]

公司新软件的发布大会上,郭总经理最后指示公司员工积极献计献策,助公司早日渡过金融危机难关。张小函听到郭总经理喊她的名字,会场鸦雀无声,大家都惊讶地望着她。"张小函,我想听听你的意见。"郭总经理微笑着说。

张小函想了想说:"随着金融危机日益严峻,客户们会越来越在乎他们的钱包,我仔细计算过了,装我们公司的新软件,整个成本将节省一半。所以我完全有理由相信,明年将是我们公司新软件独领风骚的时代。"

郭总经理接着说:"如果我将这个案子交给你。你能胜任么?"此言一出,满室喧哗。张小函咬了咬牙,冷静地说:"能!"

张小函没有料到,她在公司很快就被孤立起来。以前大家虽有意见,但至少表面上还客客气气,现在则是公开的不理睬。

元旦刚过,张小函立即投入到紧张的工作中,从上午7点到晚上10点,她用了整整15个小时,把新一年吉祥鸟公司的公关传播策划案全部做了出来。拿到部门讨论时,却遭到了全部否定。看到心血就这样白白流失,张小函觉得非常痛心。更令人吐血的是,几天后同事的策划案都提交通过了,其中绝大部分都是抄袭她的创意。遭受这样的打击,张小函再也坚持不住了,倒在了公司的会议桌上。

[4]

开门,进来的居然是钱国安:"听说你准备放弃总经理的案子?"

"是的,"张小函低着头,"毕竟我也不是学IT的。"

"你是怕输？"

"不是，我不怕。"张小函头也不抬地说："妈妈从小就告诉我，心大，才可以做大事，她告诉我，要想有深远的发展，就必须有一颗容量巨大的心。"

"羡慕你有一个伟大的母亲，"钱国安说，"让我给你讲一个故事吧。"

"这是我父亲的故事，"他说，"那一年正是抗美援朝战争进行得如火如荼的时候，他们连夜奉命到前线送军火。出发前，连长要求仔细检查车辆，由于从没出现过故障，负责车辆的人都敷衍了事。趁着夜黑天高，他们出发了。没想到，快到前线战场的时候，车真的出了故障。等手忙脚乱修好，天已经蒙蒙亮了，忽然听见一阵机枪声响起，他们被一队巡逻的美国兵发现了！战斗激烈，牺牲了两位兄弟，他也差一点成为敌人的俘虏……父亲一直跟我说，不论做什么事情，都不能带着'故障'上路，这是个惨痛的教训！"

钱国安叹了一口气，接着说："知道我为什么来找你吗？因为我知道你是一个绝不轻易认输的人，你眼睛里所透露的那种自信和坚毅，我只在总监周忆身上看见过。记住，别带着'故障'上路，人生是一部不断向前的车，任何观念的错误或行为的偏差，都有可能让你一无所有。"

[5]

一周后，张小函站到了郭总经理的办公室，提交了一份团队名单。郭总经理看了看说："这份名单里面有几个都是对你有意见的，有一个甚至还打过你的小报告，你不怕他们拖你后腿吗？"张小函微笑着摇摇头："我相信吉祥鸟公司是一个公私分明的地方，何况我们并没有利益上的冲突，之所以出现这样的情况，也许是因为我锋芒毕露，他们一时无法接受罢了。"郭总经理满意地笑了。

因为新软件的案子在一周内要交,所以团队的每一个人都进入了紧张的工作,排山倒海的工作量,并没有阻挠张小函满腔的激情。张小函深深明白,此时的她不仅是这个案子的核心人物,更是团队的一分子。她并没有事必躬亲,而是妥当地把任务交到了合适的队员手里。

和钱国安讨论的时候,她说了一句话:"我觉得这个时候最关键的是要稳住,要冷静下来,把思路整理好之后,再去引导他们。"听这话的时候,钱国安一直在笑。笑足了,他才一本正经地说:"我觉得我还是低估了你。是的,作为核心人物最重要的是懂得如何指明方向,而不是帮助别人做一个细节。即使前面有暴风雨,也要让大家感觉到安全,因为你是船长。"

一周后,张小函把案子交到了总经理那里。

[6]

案子最终通过了审核,公司破例给全队发了一份厚厚的奖金。张小函没有独得,而是把奖金平均分给了队员,又把自己的那份拿出来请大家大吃了一顿。

年终总结大会上,张小函被老总点名发言。感谢过很多人以后,她说:"在人生的路上,只有不断地总结、反省,才能消除'故障'、从容上阵,再加上一份对工作虔诚的热爱,才能最终得到想要的那颗果实。"鞠躬致谢的时候,台下掌声一片……

我的成功靠的才不是什么运气

方晓庆，一个29岁的北京女孩，从外表看，很难把她和2009年北京"售楼王"联系起来。1.60米的身高，并不苗条的身段，一张不容易被记住的脸，严肃的黑色工作服……她在金碧辉煌的售楼大厅里，一点也不出众。但就是这个不起眼的女孩，卖出了天文数字的业绩——2009年，经她手出售的楼房总价值3.8亿元。

人们好奇她的售楼秘诀，而她只是说："我不喜欢把成绩归结到运气上。一两次可以说运气好，我每次都卖掉了，怎么能说只凭运气？"在方晓庆看来，真诚、勤奋、耐心，才是获得客户认可的法宝。

[不能看人下菜碟]

和其他售楼人员喜欢频繁跳槽不同，方晓庆做这行8年，只干过两家公司。她说自己也不是刻意而为，只是业绩一直不错，而且从不羡慕别人换了地方，比自己挣钱多，自然就做得长久。

方晓庆2002年毕业于北京林业大学，刚毕业时，她根本没想到自己有一天会成为售楼小姐。"那时的学生一出校门，心里都奔着当公务员或者去大企业，不仅要找专业对口的企业，还要判断企业的发展潜力，但我没这么多想法。"方晓庆学的是计算机网络，却进了一家大兴的房地产公司当文员，"那会儿每天对着电脑，很枯燥，而销售部都是年轻人，成天说说笑笑，我特别羡慕，就申请转去做销售。"

开始，销售总监并不看好方晓庆。她自己也承认："我不是一个特别突出的人，看上去也不精明。那时一张娃娃脸，老总就觉得我是小孩，能把房子卖出去吗？"给方晓庆做培训的老销售，也不看好她。一次培训课的间歇，小姑娘们都凑在一起聊天，忽然进来一位穿着睡衣的中年妇女，销售人员看她穿着普通，根本不像买房的，都懒得动弹。方晓庆心想："不管人家买不买房子，进来了都是公司的客户，就得认真招待。"她热情地迎上去，陪着那位妇女四处看，耐心地听她问长问短。"最后她竟然一口气买了3套！"还没上岗，方晓庆就拿下了一个大单，"连我自己都不敢相信，不过从那以后，我也牢牢记住了一个道理，销售人员一定不能挑客户，绝不能看人下菜碟，很多有实力的客户穿着都特普通，很低调，从外表上根本判断不出来。"

方晓庆说，即便是不买房的客户，也能给她带来极大的利润。"一次，快下班的时候，来了位看起来普普通通的男客户。他说自己不买房，只是随便看看。大家忙了一天，都很累了，不愿意起身招待他。我没有犹豫，打起精神，陪他逛了好几个小时。"这个客户没说什么就走了，方晓庆也没有放在心上。谁知道两天后，不断有客户打电话找她买房子，"最后楼房开盘时才真相大白，那位男客户跟着一帮朋友一起出现，我才知道他一共给我介绍了13个客户，最后他自己也在这儿买了房。"

方晓庆从此懂得了长线经营的道理，"其实对客户来说，他即便现在不买，以后也会买；即便自己不买，或许也会介绍朋友买。所以都要认真对待。"

[真诚比技巧重要]

方晓庆偶然入行，没想到一开始售楼就尝到了甜头，她决定踏踏实实地做售楼小姐。

方晓庆开始根据市场变化，学习行业知识，好满足不同客户的需要。不过，她一再强调，自己并不看重销售技巧："因为相比技巧，真诚更重要。买房子的客户都是久经江湖，什么样的技巧他看不出来？重视技巧倒不如简单一点，真诚一点，真心实意地为客户着想。"

当然，方晓庆也积累了一些经验。对于看房的女客户，她尽量感性地去沟通，介绍房子时注重布置、环境等话题，"比如介绍厨房，我会说这是洗菜的地方，这里放烤箱什么的。而男客户看重的是房子的价值、潜力，我就多谈一些数据，也会告诉他们，我们用的是知名物业公司，室内装修用的是什么牌子。"

方晓庆虽然不以貌取人，但时间长了，她也能区分出所谓的高端客户和普通客户。"有些女客户一身华贵，态度矜持而淡漠，对待这样的人，态度要热情，但是话不能多，介绍完基本情况，对方不说话，自己尽量也不说，但要随时准备回答问题。"方晓庆说，"这种客户不容易招待，很难猜到她们的心思。"相比起这些人，方晓庆还是喜欢跟普通客户接触，"他们就是家长里短，问得很细致，也容易接近，我很喜欢跟他们聊天，和很多客户都成了朋友。"

[心态好，就是生存之道]

方晓庆大方地承认自己不是漂亮的女孩，"有人说我胖，胖是很多女孩忌讳的字眼，可我不在乎，我的心态好。"无论是工作还是与人相处，她喜欢多看优点少看不足。"我不会揭别人的短处，也不想关注别人做得怎么样，只做好自己的事情。"方晓庆不是美女，这反而成了她的优势。"漂亮的女孩，比较矜持，处处在意自己的形象，总希望自己是焦点，受到瞩目。这样的心态，无论在客户面前，还是在同事中，都不占优势。"

在客户面前，姿态上放低自己，突出客户；而同行之间，让着别人一点，不抢单。方晓庆说这就是生存之道。"很多人觉得售楼小姐很轻松，陪客户聊聊天，逛逛楼盘就能赚钱，其实我们很辛苦，有时要从早上一直工作到凌晨一两点，没有节假日，没有周末，即使拼命做，也可能短时期内出不了效益。"

方晓庆的老公也和她在同一个公司。"你做得这么好，会不会给老公带来压力？"方晓庆笑称，这个问题很多人问过她，"其实两个人都会有压力。"方晓庆计划学些管理知识，逐渐脱离销售一线。

方晓庆现在每年能赚数十万年薪，走得踏实而有奔头。这个普通售楼女孩创造的奇迹，恰恰说明了"精诚所至，金石为开"这个简单的道理。

学会反省自我

他出生在法国北部城市鲁昂市，从小便有着与众不同的政治天赋，他在小学时就参加学校里面组织的无数演讲，许多老师说他天生好口才，加上相貌端庄，聪明伶俐，他一直担任班级里的班长职务。

中学时，学校里组织的几乎所有比赛，他都会欣然前往，全力以赴。

高中二年级时，他有幸成为新年晚会的总编辑，负责整场晚会的文字准备与编辑工作，他将自己关在宿舍里好多天，闭门造车的结果是他整理出来一大堆无用的文字，无论是主持人的台词还是晚会的串词，都是漏洞百出。

晚会的总导演法克先生，是教务处的副主席，法克先生认为编辑工作是整场晚会的支柱，如果编辑不到位，或者是根本就不会组织，整场晚会就无法顺利完成。他以十分轻蔑的眼光瞅着面前这个一度不可一世的"混世魔王"，二话不说，要求学校教务处撤销他的总编辑资格。

他很快收到了通知，通知里一句话简洁明了：总编辑工作另觅他人。这对于一个刚刚17岁的孩子来说，无异于五雷轰顶。

他的眼泪肆无忌惮地攻击着自己的脸颊，他找到了总导演与学校里的一些官员们，要求他们收回成命，自己会从头再来，下一次肯定会取得成功。

没有人理睬一个孩子的心情，一些好事的学子们将此事传得沸沸扬扬，他们的潜台词就是：做人不要太自以为是，人外有人，天外有天。

这个孩子思考片刻后，将自己重新关在宿舍里，这一次，他组织了两位同学，一个有着良好的声乐天赋，一个具有表演天才，两天两夜时间，他重新将整理好的文字放在总导演法克的书案上。

法克正在为此事烦恼，因为晚会已经逼近，短时间内无法找到合适的文字编撰人员，他试着写了几页，却感觉不堪一击。

放在案头的文字似一道闪电，打开了法克先生的心门，法克一边看着，一边手舞足蹈起来，台词出类拔萃，串词惟妙惟肖，整个文字与整场舞台相接融合顺畅，游刃有余。

法克的目光盯在组织者的名字上：弗朗索瓦·奥朗德。

奥朗德在宿舍里模拟了整场晚会的全部节目，与两位同学一块儿锤炼语言，尽可能做到每句台词都逼真地反映现场的气氛。他以一场经典的传奇式的补救措施，惊艳全校，学校通讯社认定他——注定是一个惊天动地的人才。

奥朗德在一周后的校报上刊登了专栏文章《打败昨天的自己》：人最大的对手不是敌人，而是自己，人无时无刻不在与昨天的自己斗争，你的目标是打败昨天的你，不能让昨天的你凌驾于今天的你和明天的你的脖子上。

奥朗德大学毕业后便踏入了政坛，开始只是个无名小卒，后来一路顺风顺水地由一个"潜力股"飙升为"绩优股"，他擅长演讲，且极富有"煽动性"。2001年至今，他一直担任法国社会党的领袖；2012年，他以社会党推荐候选人的身份与人民运动联盟候选人现任总统萨科齐一起角逐法国总统。

在竞选演讲中，他提出了"号召全民力量，振兴经济"的口号，他提醒大家：学会反省自我，昨天的我不堪一击，今天和明天的我一定是最优秀的，我们的国家同样如此，虽然面临经济停滞，但只要全民同心，与昨天的国家斗争，明天的国家一定会充满希望，朝阳就在我们的前方。

2012年5月6日下午，在第二轮选举中，奥朗德击败了萨科齐，众望所归地成为法国新一任总统。

学会和自己相亲相爱

买了一件新衣——麻、白、连体。因为有那两根吊带，分外特立独行。虽然是裤子，可因为肥大，又有了裙子的意味。

我喜欢这种奇怪的有自己品格的衣服。一看，就与众不同。不，绝不淹没于人群中。你别想让我被淹没。

翻看标签，看到它的名字：另一个自己。

我喜欢衣服有自己的名字。它叫：另一个自己。另一个自己，是什么样子？

也许一向低温低调，忽然有一天喝醉，突然放肆地说：我是唯一的我，骄傲的我……一向不再相信爱情这种东西，总以为是纸上谈兵，也如病入膏肓的玫瑰，贪婪地迷恋着文字，靠文字分泌出一种特别的物质养着单薄的日子。死，也要被文字和爱情毒死，这两种死法，应该算丽日晴空的一个美梦。

另一个自己是什么样子？不再寡言？不再沉默？而张扬、乖戾、霸道、夸张？对待生活，从来先礼后兵，但现在，一切乱了秩序，先兵后礼，我就兵临城下了，我就告诉你，我就站在你的楼下，我要看着你的楼，泪眼朦胧……不，不镇定了，我慌了手脚，在爱情的园地里，屡败屡战，我把自己交到时间里，我成了它的俘虏。

亲爱的，请优待我。

"我已经臣服于时间，臣服于强大的爱情和爱情中的苦涩与缠绵，我要和你，和时间，化干戈为玉帛。"读到这样的句子，在秋天的早晨，落叶萧萧，有了凉意。他只发来两个字——多穿。而她说，我早晨吃的是驴肉火烧一个，一碗小米粥，一碟小咸菜。爱情哪有轰轰烈烈，这山长水远里，其实有着爱情最温暖的真和亲。

这也是另一个自己，有着世俗生活里的真和温暖意，甚至不再嫌琐碎，他说不吃早餐容易得胆囊炎，于是她下楼去吃。

而我真实的样子是谁？我是一个分泌着毒液的人，我日与夜，都与自己交战，一个人的战争，常常打得白热化。我是我自己的敌人，我又是我自己的同盟。

杜拉斯说，"如果不写作，我会屠杀全世界的。"我知道，她只是这么说说而已，如果不写作，她就是一个普通的女人，也会结婚生子，也许会如泼妇一样地叉着腰骂街。如果不写作，我不会有那么多的颤动、忧伤、绝望、喜悦，不会看到另一个自己，有多饱满，有多空灵，有多暴力。

"在文字中，我延伸着我的暴力，让爱情窒息到无处可躲，使我想哭的是我的暴力。"我重申着杜拉斯的这句话。她说，杀人的欲望是她生活中的一个常数，又说，对出产芒果的土地，南方黑色河水和种稻的平原有一种说不清楚的从属。

那么，我从属于什么？

强烈的邪恶？邪恶到忧伤。我一直以为我是美好的、脆弱的，恰恰相反，不，我不。我不是这样的，我耽美于一些鸦片一样的东西，文字、时间、爱情，都具有鸦片的性质，散发着迷迭香，就像我更会迷恋一个人的晚年，尽显苍凉。

年轻时的华美壮丽，到了暮年，只有清幽苍茫，身边没有一个爱着的人，连花草不敢多养，怕等不到明年的春天了。陆小曼的晚年，一直在为生计忧愁着，曾经挥金如土的日子一去不返了，要不停卖掉手里的东西维持生计，头发掉得连发卡都梳不住，牙齿也掉光了……她如何能想到这样的一个自己呢？

看杜拉斯的晚年照片，一直觉得不是她。她从前的丰盈，从前的娇媚，在老年变得又坚硬又苍凉，像一条风干的蜡肉或鱼干，把光阴吸到了自己体内，越吸越干了，少女的空灵渐渐褪成一把无地自容的苍凉，我看着她，像看着一盘又硬又辣的腌制品。

"我从哪里来，没有人知道。我要去的地方，人人都要去。风呼呼地吹，海哗哗地流，我要去的地方，人人都要去。"午夜听这首鬼歌，眼泪会蔓上来，一点点地蔓上来。

《今年的湖畔会很冷》里则幽幽地唱着"不要问我是谁，不要问我来自何方。我如浮云一般偶尔掠过你的身畔，带给你美丽的虹彩和梦幻，不要将我留住，不要将我牵绊"。都如此地爱憎爱恨恢恢，萧萧是落意，爱与恨，也都是落意。自己与自己，一生的战争与挣扎。

总是喜欢照镜子，那镜子里的人，不是自己似的，眼神那么绝对，清热，狂冷，都是我，都不是我。

我和我对立着，统一着，战斗着，友好着，一会儿反目为仇，一会儿化敌为友。

在和自己漫长的战争中，我懂得了如何运用化骨绵掌，懂得低眉，也懂得了，如何从容地和自己调个情，让自己和自己相爱，化干戈为玉帛。

另一个自己，在内心深处，是我的闺中密友，她知道我的邪恶，这，很重要。

给你的心灵减减压

有一个大学生，对文学十分痴迷，每天勤奋读书写作，梦想着将来能在文学领域闯出一片天地来。毕业后，他到一家贸易公司做了一名业务员，随着业绩越来越好，积累了第一桶金，后来辞职成立了一家公司，经过几年的打拼，成了一位身家几百万的大老板。没有了衣食之忧，他又重新做起了文学梦，想要写出一部作品来，然而，他发现自己再也静不下心来了，写了好长时间也没写出来多少字。经过一番思索，他果断决定，将公司交给内弟打理，自己只占有股份参与分红，不再插手经营。之后，他带着家人，到一处风景秀美的地方长住，并在那里开始着手写作。半年以后，他的书写成了，出版之后引起了不小的反响。事后，他总结说："之所以当时写不出来东西，是因为那时整天满脑子想的都是公司经营的事，心灵被赚钱的欲望填满了，就没有空间再能容下文学了……"

有一个印度人，被同村的一个人打断了手指，右手成了只有4个手指头的残疾人。法院判凶手赔偿了他一些钱，而且让凶手坐了4年牢。虽然凶手已经得到了应有的惩罚，但他总觉得还是自己吃亏，因为自己的手指头永远也找不回来了。他的心中便充满了仇恨，他想等凶手出狱后伺机报复，把凶手的手指头也剁掉一个。但他又明白那样做自己也得受到法律的惩罚。于是，两种思想便一直在打架，谁也说服不了谁。眼看着4年的时间要过去了，他的思想斗争越来越强烈。就在这时，他结识了诺贝尔和平奖得主特蕾莎修女，他为特蕾莎修女的爱心所感动，也想做一个像她那样有爱心的人，同时也把自己内心的矛盾告诉了特蕾莎修女。特蕾莎修女听完了他的经历，对他说："人不应该永远记着恨，而应该永远记着爱，只有爱才是永恒的。"然后，特蕾莎给了他一些关于爱的书，让他回去读，而且每天早上起来问自己一遍，是不是还恨那个凶手，直到他不恨了，再来找她。他回去以后，就按照特蕾莎的说法，每天早上起来后，问自己一遍还恨不恨那个凶手，开始的时候，心里依然充满着仇恨，后来，随着不断阅读特蕾莎给他的那些书，他被特蕾莎博大的胸怀感动了，渐渐地，他发现自己已经不再恨那个凶手了，他想开了。他来找特蕾莎，告诉他自己心中已经没有恨了。特蕾莎高兴地说："好，一个心中装着仇恨的人，是没有办法再把爱装进心里的，所以必须先把仇恨从心中清除掉，才能让爱在心中生根。现在，你可以做一个有爱心的人了，因为你的心中已经没有了仇恨。"

　　有一回，一个文友告诉我说，她往我的信箱里发邮件，但总是失败，告知"对方邮箱没有多余的空间"，我检查了一下，发现我的邮箱因为没有及时删除垃圾邮件，容量满了，所以不能再接收新的邮件了，我把垃圾邮件全部删除掉，邮箱又能正常接收邮件了。

　　人的心灵也和邮箱一样，随着岁月的流逝，往事的尘埃会让我们的心灵积满各种各样的垃圾，使我们无法再接受新的东西，只有定期打扫和洗涤自己的思想，及时清除掉心灵里的垃圾，才不至于让心灵蒙尘，轻装上路，才能坦然走过生命中暗淡的岁月，让自己心灵的天空变得清澈明亮，更好地享受人生的幸福。

带着阳光走出门

一觉睡到大天亮，我被照进窗户的阳光摸醒，暖暖的感觉，把头往窗外伸过去：碧空蓝得心都抖了，心中莫名地填满喜悦，一股强烈的愿望要出门走走。

放下手机漱洗一下，就拿起相机迫不及待地向公园走去。

23℃左右温暖宜人，阳光正好，蓝天纯粹得透明，白云云游去了，一切都眉开眼笑，绿叶、青草、草坪上躺着看书的人和打滚撒欢的狗，都镀上快乐的金光，阳光晃晃，蓝天下青草中放牧视野，浮光跃金，眼底心海中荡漾，阳光、阳光，到处都是阳光。

阳光在树梢跳舞，在草丛奔跑，在行人发端闪烁，在花的裙裾恋恋不舍，在叶子的血脉中流淌，有些，干脆穿过叶子的缝隙跳上我的鼻子嬉戏，而且还怎么赶也赶不走，伸手去抓，它又从我的指缝间伶俐俐溜走，擦擦鼻子转过身去，神啊，阳光它还闪了我的腰！空气中流动青草的香气，吻的味道清新甜蜜，可乐一般的幸福是心中冒着的泡泡泡，和阳光的明丽配合得天衣无缝，快乐得令人想变成一片立体阳光，融进喜悦的无边海洋。

阳光在我的血液里四散奔流，制造出脸上孩童般纯洁天真的笑容，榆树上闪烁的金斑镜了般夺人眼球，有金属的质感更有风的轻盈，教堂的钟声掠过碧空在耳畔回响，红尘若梦伴阳光浮尘轻舞，回首，生命中某些动人的瞬间、某些尘封的往事光影中惊鸿一瞥，刹那间又泯灭踪影，树叶沙沙的声音，来自盘古初开，穿越生死界限，落到眉眼盈盈处，然后绵延至一片苍茫的地老天荒。

忍不住像一只欣喜的小狗，在阳光蓬勃的草地上打滚，鼻子衣服沾满了青草泥土的芬芳，咬一把草根，阳光的味道在舌尖流泻慢慢沉淀，指尖繁华如锦，喜悦意竟是一种微微的疼痛自眉心渗透，心内幽情翻云覆雨妙不可言。

阳光娇羞着，把俏脸躲到叶子的荫下，春风吹过一棵枝繁叶茂的银杏，叶子们咯咯笑了，宛如拍响的掌声，顽皮的阳光在一排排参天榆树上眨着鬼眼，为洞穿我心中的秘密正和叶子窃窃私语，有不知名的鸟儿在树上忘情地唱着情歌，仿佛世上本来就应该是这样一段如歌的行板。

阳光太顽皮，吻吻这个吻吻那个，直到把你吻笑吻乐了才善罢甘休、树不会笑，它就把人家吻得枝茂叶亮；花不解语，它就吻得人家轰轰烈烈花枝乱颤；发现我在窃笑，它马上刺破叶子晃得我老眼昏花，我拿相机来挡，这家伙便毫不客气地藏到我的照片中去了。

阳光、阳光，到处都是阳光，我忘情地张开双臂，我要把这灿烂的阳光紧紧拥抱。

阳光下的小菊花分外妖娆，更有诱人的恋花蝶频频向我抛媚眼，吸引我不停按动快门。

青青地上，帅哥美女躺着依着趴着，美美地晒太阳，梦想能晒出一身阳光健康的栗色，有人在和风的浓荫下带上耳机看书，有人在吃面包，引来了一群贪吃的海鸥，偶尔扬起的面包碎，惊起一地鸥鸟，惹来旁人侧目，金发碧眼的孩童欢笑着，追逐鸟儿一忽儿就隐入林森处。

走过两排粗大的法国梧桐，有一对新人正在树下拍照，洁白的婚纱和笔挺的西装托起迷人笑脸，更靓丽了这样一个丽日晴天，幸福的情人最适合在这树下制造一辈子都忘不了的浪漫，微风轻拂自然的箫声在天回荡。

温室里的绣球花、蝴蝶兰开得蓬蓬勃勃，一群中国游人正忙着拍照，欢欢的笑声使人心都镀上一层金辉，来吧同胞，一起拍个照留念，留住这美好的时光。

走累了，坐在公园的长椅上，听风声叶响，若有所思若无所思，人事几番新，知交半零落，八年了，笔走天涯白手兴家，墨乐本佛赛公园，留下我多少足迹？求学、求职、自强、自立，走过春夏走过秋冬，走过多少风风雨雨？见证多少美好和困顿？回首向来萧萧处，也我风雨也无晴。生活告诉我：前路认定了，"莫道轻阴便拟归"，只要有信心，只要不惊慌，只要能坚持，就一定能把自己的梦想照进现实的花都。

纵然是风雨兼程，"谁怕？一蓑烟雨任平生。"

阳光在身边暖暖萦绕，轻轻拂去身心的浮躁与劳尘，明媚一心蔚蓝。

霜雪交加时我们学会等待春天，风雨泥泞中我们学会等待天晴，等待朝阳再起，等待阳光再灿烂。是的阳光，我们一生都需要阳光，阳光能照亮未来，温暖冰冷的生命，阳光能散万叶发千枝，阳光融化于心海，掌心化雪，便靓丽了缤纷的尘世。

今天阳光好得让人无法抗拒，我情不自禁投进阳光的怀抱，不停地按动快门，拨动我轻快如风的心弦，岁月如歌心弦震颤，我要把这亮丽阳光紧紧拥抱，一生收藏，摄进镜头，融进照片，洒进心田，赶走生命的阴暗，我要我们的人生路上，永远充满这灿烂的阳光，我更希望我的朋友们，笑容里阳光轻舞、春光明媚、花枝满径。

学会借力与合作

高露露是一所知名大学外语系的高材生，毕业后在一家外贸公司实习，职位是业务助理。

高露露专业知识过硬，能说一口流利的美式英语，人又长得漂亮。所以一到公司，能干的高露露便深得部门经理器重，外出谈生意时总不忘带上她。高露露也不负重望，进公司不久便帮经理谈成了几单生意，为公司带来了很大的经济效益。老总听说后，也非常欣赏高露露。于是，在经理的建议下，公司提前为她转正。而老总也总不忘在大会小会上表扬高露露，并号召部门所有人向她学习。

高露露的职场之路顺风顺水，作为新人的她便有了轻飘飘的感觉。她总觉得自己是名牌大学毕业生，业务水平高，又是老总和经理眼中的红人，便对部门里其他人有了不屑一顾的感觉。高露露所在的公司从事的是化工产品销售行业，有着许多专业术语。部门里年岁大一些的同事有时看不太懂便来找高露露帮忙翻译。刚开始高露露还有求必应，但慢慢便厌烦起来，态度也就生硬了。一天，一个40多岁的女同事又拿着一份产品介绍单来找高露露，碰上高露露心情不好，情绪突然一下就爆发了："看不懂资料，你不能查字典啊！"那女同事的脸"腾"地一下便红了。话一出，高露露立刻便后悔了。虽说她向那位女同事道了歉，那位女同事也嘴里说道"没事儿，没事儿"，可高露露却明显感觉到她与周围同事之间产生了一道深深的隔阂。

一年之后，公司又来了一名叫陈静的女孩子。凭心而论，陈静的业务水平没有高露露那样高。但她在业务上非常用心，不但上班时努力工作，每天下班后，都待在公司研读资料、研究产品。周末的时候，陈静还会跑去当地图书馆查阅资料，以尽快熟悉工作。所以陈静从一个不被人注目的新人慢慢成长了起来。此外，陈静还有一个特别大的优点，那就是热情友善，和公司其他人相处特别融洽。部门里无论是谁，不论是公事还是个人私事，只要一声招呼，陈静便乐呵呵地帮忙完成……

三年后，经理被调到了外地一家分公司任副总。面对着部门经理这个空缺，高露露认为，不论是凭资历还是工作能力，以及对公司的贡献，自己当然是经理的不二人选。但万万让她没有想到的是，部门经理的职位最后却落在了陈静身上。

面对一脸怒气跑来的高露露，老总示意让她先平静一下。然后说，你是我非常器重的一个员工。本来我有意让你接替部门经理这个职位。但在最后民意测评阶段，部门所有人却都一致推荐陈静。一个老员工还对我说了这样一件事：那年，她老公患了严重的肺病，无暇顾及家中的孩子。于是，陈静便自告奋勇地担当起了临时妈妈的责任，照顾孩子的生活起居、接送孩子上下幼儿园……陈静的举动让公司所有人都非常感动。他们认为陈静虽业务上不如你，但她肯学习，更重要的是他们觉得在陈静的领导下，他们能更和谐相处、更好地完成公司交代的任务……

从老总屋里出来后，高露露若有所思。

美国加州有一种红杉树。高度大约是90米，相当于30层楼以上，是世上现存的最高大的树木。但令人奇怪的是，红杉的根只是浅浅地浮在地面而已。理论上，根扎得不够深的高大植物，是非常脆弱的，只要一阵大风，就能将它连根拔起。但红杉又如何能长得如此高大，且屹立不倒呢？人们发现，红杉是一大片在一起生长，并没有独立长大的红杉。这一大片红杉彼此的根紧密相连，一株接着一株，结成一大片。自然界中再大的飓风，也无法撼动几千株根部紧密联结、占地超过上千公顷的红杉林……

　　一个人的成功不能只靠自己的强大。一个领导者，不仅要业务水平比较优秀，更要学会与人合作，要不然，不可能把领导当好。职场上，一些业务能力非常强的人往往只能当"骨干"，但却不能当领导。就是因为这些人人缘差，不懂与人合作，在为人处世方面太欠缺，因此，往往失去了职场升迁的机会。

　　像红杉一样活着，学会借力与合作，你将会成为职场中的一棵雄伟巨木。

{ 心沉下来了，努力的节奏就对了 }

在市场上摸爬滚打的人们，总发愁找不到获取财富的机遇，于是东奔西跑找机遇，最后累得筋疲力尽也未找到机遇，就算是找到了也不太适合自己。实际上，机遇就在我们身边，甚至我们脚底下踩着的就是机遇，自己却全然不知。说实在的，不是我们缺乏发现机遇的眼睛和耳朵，而是缺乏平心静气这一好抓手。这个问题不解决，别说看不到机遇，就是看到机遇、抓到财富，财富也未必能在自己手里待得住。朋友们看过《动物世界》，兽中之王狮子和豹子同时发现猎物，豹子毫不怯阵，利用自己的短跑健将的优势，抢先把猎物叼到嘴中并将猎物弄到树上。落后于豹子的狮子只好在树下龇牙咧嘴怒吼，以恐吓豹子乖乖地丢下食物。按说，叼住猎物高高在树上的豹子，可谓是"高枕无忧"。可结局并不是随我们的常规思路走下去。豹子在狮子张牙舞爪地恐吓下乱了阵脚，猎物尽管在豹子口中，并有利爪协助，但总归顶不住自己心浮气躁的忙乱，高高在树上的口中猎物慌乱中掉于树下，被狮子不慌不忙地叼走，无奈的豹子只好忍气吞声地趴在树枝上眼望着狮子叼着自己落下的猎物远去。

事实证明，发现机遇固然重要，但抓住机遇并把财富稳稳地控制在自己手中更重要，因为这是最终目的。真正在市场上摸爬滚打的聪明人，都会在"稳、准、狠"上下足功夫，大做文章不逞一时的匹夫之勇。人们都知道《红岩》里面的"双枪老太婆"，打枪左右开弓，弹无虚发，令敌人胆战心惊。但有谁知道"双枪老太婆"的原型竟是一个在当地很有名气的画家、美丽少妇陈联诗。一个美丽的少妇、画家怎么就成了"双枪老太婆"呢?她的神奇枪艺从何而来?是不是有些电影、电视里说的天赋?非也。天赋只占相当小的成分,得法的锻炼才是关键。这正如爱迪生所言:"天才是百分之一的灵感,百分之九十九的血汗。""双枪老太婆"陈联诗的同事回忆说,开始别说是双枪打不准,单枪也打不准,这让陈联诗一度非常苦闷、着急,因为战争是拿生命做赌注,没有枪法就没有生命。一次,她在练习打枪时无意中从绘画里得到灵感,那就是心要沉,手才能稳。结果,打枪技艺有了突飞猛进的提高,这才铸就了"双枪老太婆"的传奇。

少妇陈联诗从自己的绘画技术当中得出"只有心沉,才能手稳"的灵感,铸就了她"双枪老太婆"的传奇。事实上,我们做任何事,要想取得成功,都不会离开这个要诀的。因为,一个狭窄的人别说听不进别人的良言相劝,就是听进去他(她)也不会稳当地选择。只有那些"心沉、手稳"的人,才会有极高的成功率。

山东人许明,一次偶然在报上看到一篇中国留学生介绍法国留学生生活的文章,文章中有一句话给他送来了发财的机遇。这句话是:第一次见房东老太太时给了她一条抽纱桌布,老太太爱不释手,并把这条美丽的桌布展示给每一位拜访的客人,在他的朋友圈中引起了很大的轰动,结果许多人都托这位留学生回国买抽纱产品。山东正是盛产抽纱的地方,许明眼前一亮,立刻给在法国的一位朋友打电话,委托这位朋友寻找市场,自己则在国内挂靠了一家有出口权的公司,联系了一批工艺精良的抽纱生产厂家,就这样许明像模像样地做起了抽纱产品的出口生产,当年就赚了上百万。

杨一峰1978年初中毕业后随父亲在长沙做小贩。从那时起,他就有一股强烈的改变命运的想法。为了寻找更好的机会,他于2000年2月孤身来到了深圳,试图寻找到致富的门路。但是残酷的现实很快就击碎了他的致富梦。他在一家工厂做杂工，每天薪水只有12元钱，幸亏工厂管饭，要不然，区区12元钱可能连肚子都填不饱。尽管工作非常辛苦，薪水也很低，但他很喜欢和工友们在闲暇时到海边看海，还常常到一些人迹罕至的沙滩去玩。有一次，他费了九牛二虎之力寻找到一片舒心的沙滩，当时已经下午5点多了，他发现很多野营者在沙滩上支起了帐篷，看样子是准备在这里露宿一夜了。他突然灵光一闪：在沙滩上露宿，安全不但没有保障，而且垃圾处理、日用品供应等等都没有人管理，如果建一个"沙滩旅馆"，情况就大不一样了。

回到工厂，杨一峰立刻辞了职，然后买了一些篷布和工具，租了一辆三轮车将行李拉到海边。那个三轮车师傅不解地问为什么，他笑着回答："我想卖沙滩！"三轮车师傅一听，还以为他是幻想型精神病患者，"说不定他一会儿把我也卖了"，赶紧收了车费走人。行李拉到了，杨一峰立刻着手建造沙滩旅馆。他弄来几根乔木，往沙滩上一立，再把篷布往上一披，一个简单实用的大棚就做成了。他搭帐篷时，正好有一些人来露宿，听了他的创意，大家都乐意给他两元钱让他站岗放哨确保东西安全。看着"沙滩旅馆"没建成就纳宾迎客有了收入，杨一峰打心眼里高兴，认为脚底下这项目选的准，来钱容易并且快捷。两天后，一个别致的"沙滩旅馆"就在沙滩上落成了，尤其是他用红油漆在篷布上书写的四个醒目大字"沙滩旅馆"，在沙滩上更是相映成趣。

"沙滩旅馆"开张后，生意好得出奇，几乎每天晚上都有百元左右的进账，与在工厂的12元薪水根本没法比。但一时未想到的麻烦也随之而来了。有一天上午，他正睡觉，风云突变，一阵狂风暴雨不期而至，把"沙滩旅馆"吹得七零八落，所有家当在他眼皮底下消失得无影无踪，大风只给他留下几根桌椅腿，全身湿透的杨一峰要不是临时抓住一棵树，恐怕他这一百来斤也得被狂风掀走。等到风停雨歇，他孤零零地站在沙滩上，那场面，那滋味，和唐朝陈子昂笔下《登幽州台歌》中的"念天地之悠悠，独怆然而涕下"毫无二致。应该说，别看狂风暴雨卷走了他所有家当，但倒不怪罪狂风暴雨，因为，在海边沙滩上淘金，狂风暴雨那不是家常便饭吗？自己一时没想到，那是自己的大意和疏忽，怨老天爷是给自己的错误找理由。沉思熟虑之后，他买了一个旧集装箱并进行了一番改造，用砂纸把集装箱上的锈擦掉，涂上一层黄色的油漆。等他把集装箱运到沙滩上，付完车费，自己兜里已无分文了。由于那段时间天气恶劣，野营的人一下子少了许多，但杨一峰没有"坐以待毙"，他找到一些旅游公司，向他们报告了暴风雨后的旖旎沙滩海景。一些旅游公司正愁没有"卖点"呢，杨一峰的报告给这些旅游公司带来了希望，他们纷纷利用杨一峰给提供的信息借题"炒作"了一下，这一借题炒作，不仅仅是给这些旅游公司带来好生意，也给杨一峰带来了商机。3天后，沙滩上一下子来了60多位游客。这还不算，杨一峰还学会了上网，在网上主动营销自己的"沙滩旅馆"，果然有不少人"按图索骥"找到了"沙滩旅馆"。进入2011年，杨一峰的"沙滩旅馆"俨然成了深圳一道独特的风景。现在的杨一峰已经有了自己的10多家沙滩分店，招聘了上百名员工，家产也从零发展成为千万富翁。这也正应了爱因斯坦那句老话："想象力比知识更为重要。"事实上，大凡成功者，都未必是找到了一个多么高端的好项目，也未必真的挖到什么"狗头金"，而是在我们实际生活中沉下心来，大力开发我们的想象力寻找到了人们需要的东西，让财富像潺潺流水那样，源源不断地流进自己的腰包。

那么，沉下自己的心来，难吗？窃以为一点也不难，只要你知道"心急吃不了热豆腐"的理儿就行，到那时，你的思路一定会大开，灵感也会像泉水一样"叮叮咚咚"地向你走来。

经营好自己才能获得更好的爱情

[1]

"爱一个人最好的方式，是经营好自己，给对方一个优质的自己，而不是拼命对一个人好，幻想那人就会拼命爱你以作为回报。"

这是朋友圈一个朋友引用作家苏芩的一句话。我深以为然。

如果这个世界的爱情简单到，你对他好，他就会对你好，那就不会存在所谓的失恋了，也不会有那么多人离婚了，更不会有暗恋、单恋这样的费神伤脑的事了。

可见，拼命对一个人好并不是爱一个人最好的方式。说不定，你拼命的"讨好"反而会给对方压力，让对方尽快闪离。

所以，在遇到那个对的人之前，我们能做的就是努力经营自己，让自己成为一个优质的人。

[2]

说到"优质"，我首先想到的是杨绛先生，一个"最才的女，最贤的妻"。

前段时间的朋友圈也被怀念杨绛先生的文字刷屏。

是她让我知道了这个世界上一个男人对妻子最高的评价："我见到她之

前，从未想到要结婚；我娶了她几十年，从未后悔娶她。"

在钱钟书先生的眼里，妻子是自己的好。就连钱钟书的母亲也感慨这位儿媳，"笔杆摇得，锅铲握得，在家什么粗活都干，真是上得厅堂，下得厨房，入水能游，出水能跳，钟书痴人痴福。"

先生能得到丈夫及其家人这般肯定，自然是因为她懂得经营自己，经营家庭。也因为此，她才成了丈夫心中的"妻子、情人、朋友"。

先生的境界或许不是我们常人所能及的，这样的旷世之恋也是可遇不可求，但我们至少可以做到今天的自己比昨天的自己更优秀。

一个优质的女人，不需要讨好对方，你的存在本身就是一件值得对方珍惜的事。能拥有这样的女人为妻，是男人的福气。正如钱钟书先生的母亲所说，他是"痴人痴福"，许是自谦，但也不无道理。

[3]

认识一个女生，叫她H姑娘吧，出生在普通工薪家庭。毕业后，她便去酒吧工作，在那里她遇到了一个当地很有名望的企业家。

相恋5年，在男人打算娶她的时候，遭到男方家族的强烈反对。有多少豪门愿意娶一个酒吧女作为儿媳妇呢？

无奈，她选择了分手。可就在分手后，她发现自己已经怀孕。不顾父母亲人的强烈反对，背负所有的骂名和社会舆论压力，她毅然将小生命带到了这个世界。

即便这样，她也没有得到男方家庭的认可。

为了给自己的人生一次重新来过的机会，她摒弃先前的生活，重新回到了课堂，用3年的时间打磨自己。

如今，她是一名幸福学的讲师。而那个男人及其家族看到她的巨大变化后，也默认了这段感情。现在，她的先生很爱她，不管她在哪里讲课，他都会去探班看望。

所以，女人啊，能让你真正幸福的其实是你自己！努力经营自己，才会让爱你的人更爱你，让讨厌你的人接纳你！

[4]

我的一位读者，爱上了一档相亲节目中的男生，表白后对方没有拒绝，只说可以做朋友。事实上，在我看来，这已经算是拒绝了。只是，这位姑娘不愿面对这个事实。

姑娘给对方写信，他没有回。之后，主动加了对方的微信，主动跟对方聊天。男生都是有一搭没一搭的应付着。不拒绝，不主动。

最后，姑娘借着出差的机会，从北京来到天津（女生在北京，男生在天津），找到了那个男生，并主动邀男方吃饭。男生依然不拒绝，不主动。

姑娘全心全意地爱着他，生怕他下一秒就被别人抢走。可面对对方的无动于衷，她无计可施。

讲这个故事，我只是想说，在不爱你的人那里，无论如何讨好对方，都无法换来爱情。因为，爱情本身就不是靠讨好换来的。

讨好换来的不是爱，是轻视。

当姑娘跟我讲完这个故事后，我告诉她"你若盛开，清风自来"，你值得拥有更好的爱情！

很庆幸，这位美丽的姑娘，勇敢地走了出来，并决定把心思从这个男生身上挪开，努力去经营自己。

虽然，我不知道她最后情归何处，但我相信，在她尽情"绽放"后，一定会遇见一个真正欣赏她的人，一份不需要她努力讨好就能收获的爱情！

[5]

爱情里，女人需要努力经营自己，男人同样如此！

在我上学的时候，认识这样一对情侣：女生长得很漂亮，性格开朗活泼，学习成绩也很好；男生长相和学习成绩都相当一般，糟糕的是脾气还有点大。

他们虽为情侣，但依然挡不住别的男生来追求这个女生。

男友知道后，自然很生气，在一次争吵后竟打了她。女生伤心欲绝，本来这段感情大家都不看好，就因为平时他对她好，才将就了他，不想，连这最后一点好也被这一巴掌打没了。

女生提出了分手。

男生苦苦哀求，甚至下跪。无奈，女生经不住对方的死缠烂打，想起他往日的种种好，便妥协了。

经历过这样的事，男生对女生更好了，但控制欲也更强了，他给女生定下了各种清规戒律，生怕她被别的男生猎走。

最后，你懂的，这样的爱情注定不会长久。他们没有在一起！

虽说这是一个看脸的年代，但也不是一个完全看脸的年代。男生没有颜值，你可以拼实力啊；没有实力，你可以拼努力啊！

可是，这位男生不懂，他不去经营自己，在本该学习的年纪，他不去读书学习提升自己，也不懂得收敛性情，最后在患得患失里丢掉了爱情。

[6]

　　拼命对一个人好,然后期待对方以同样的方式对待自己,这不是爱情,这是取悦,是乞讨。一个乞讨者是敏感又自卑的。这样的爱情注定不对等。

　　《欢乐颂》里的安迪从不讨好任何人,但优质的她依然可以获得众多优质男人的青睐。

　　如果你也欣赏那样"势均力敌"的爱情,那就从现在开始努力经营自己,让自己成为那个可以被欣赏的人吧!

你真的了解自己能力的局限吗

森林中举办比"大"的比赛。老牛走上擂台，动物们高呼："大。"大象登场表演，动物们也异口同声："大。"这时，台下一只青蛙忍耐不住了，嗖地跳上擂台，拼命地鼓起肚子，并用自信的眼光盯着动物们："我大吗？"

"不大。"动物们传来一片嘲笑声。

青蛙不服气，死劲地鼓着肚子。随着嘭的一声，肚子破了。可怜的青蛙至死也不明白它到底有多大。

有位登山运动员一次参加攀登珠穆朗玛峰的活动，当他努力爬到海拔6400米的高度时，因为体力不支，便停了下来。许多朋友知道这一情况后，都替他惋惜，不少人说，如果他能咬紧牙关挺住，再坚持一下，再攀登那么一点点，就上去了。

没想到这位运动员却不以为然，他平静地说："不，我自己最清楚，6400米的海拔高度是我登山生涯的最高点，我一点都不遗憾。"

《约翰·克利斯朵夫》中主人公与他的舅舅之间有一段对话：

"……如果不行，如果你是弱者，如果你不成功，你还是应当快乐，因为那表示，你不能再进一步。干吗你要抱更多的希望呢？干吗为了你做不到的事悲伤呢？一个人应当做他能做的事……竭尽所能。"

"……英雄就是做他能做的事。"

任何人，无论做任何事，都必定有他的极限，必定有他的承受能力，必定有他所能达到的最高高度，像那位登山运动员，6400米就是他的极限，就是他的承受能力，就是他的最高高度。

人活着，应该有明确的目标，应当有最高的高度。

目标定得大些，高度定得高些，人潜在的因素发挥得就更充分些，进取的劲头迸发得就更充足些，生活的价值彰显得就更充实些。

但一个人追求的目标过大，锁定的高度过高，而自己又不具备相应的能力和实力，那就会出现两种情况。一种是因为未能达到预定的目标和理想的高度而情绪低落，无精打采，心灰意冷，甚至于从此颓废萎靡，一蹶不振；另一种是不可为而为之，勉强从事，超过极限，不堪重负，最后搞垮身体，落得人、事两空，付出沉重的代价，青蛙的教训应该牢牢记住。

及时了解和承认自己的能力和局限，当行则行，当止则止，量力而行，恰到好处，便能使自己生活得更加充实和自在，便能让自己有限的生命生发出适度的光和热，从而为自己带来一生的安宁与幸福。

保持适度，做自己能做的事，并不是放低要求，无所追求，而是一种理智，一种清醒，一种分寸，一种把握，一种量力而行，一种求真务实，一种最高境界。

保持适度，做自己能做的事，并不是浑浑噩噩、碌碌无为、虚度人生，而是一种人生的准确定位，一种可贵的脚踏实地，一种成功的必由之路，一种对待事业的认真负责。

保持适度，做自己能做的事，只要用尽全力，耗尽所能，做出最大努力，自己问心无愧，最后实现了什么目标，达到了什么高度其实并不重要。

保持适度，做自己能做的事，就要怀揣标尺上路，让它既督促我们不懈攀登，又提醒我们恰到好处戛然而止，千万不要把自己搞成一台超越生命极限，长期超负荷运转的机器。

要知道，仰之甚高，而力又不及，那是笨蛋的愚蠢和贪婪。

{ 承认自己的不优秀，坦然面对自己的平凡 }

[1]

最近读到了一句很可爱、很真实的话，"真实比优秀更可爱，也更容易优秀。"

在这句话之前，我也曾被另一句话激励过，"最可怕的是，比你漂亮，比你优秀的人比你更努力。"

是啊，从小到大，我就逼自己比别人更努力，起得比别人早，功课比别人做得认真，做事比别人勤快。可事实呢？我如此地努力，却没有比别人更优秀。

读初中时，同桌李晓波在整个学校出了名的优秀。他小学读完5年级时就学了6年级的课程，直接升初中，然后读完7年级时，又直接跳级到9年级，中考以全校第一名的成绩考进市重点高中，学校和家长都很自豪。

而我呢？

无论怎么努力，都只在全校40名上上下下，中考时又因为紧张，没被任何高中录取，只得重新复读初三，从头来一次，苦苦熬了一年后，也只考进了一所普通高中，无人在意。

[2]

优秀是一种习惯，李晓波在优秀的路上慢慢习惯。

高一开始，他写的文章连连在诗刊、报纸上发表，获奖无数，为学校赢得一片声誉，被报刊媒体称赞为"天才少年"，毕竟他才14岁。

那一年高考，17岁的李晓波以优异成绩考进北京的一所一流名校。他在大学里更优秀，散文、诗歌、小说集结出版，被媒体冠以为青年人书写的"文字雕匠"。

而我呢？

高中三年，躲在教室最后排角落里，读着《西游记》《红楼梦》，看过一些经典文学，每天写日记，记录一些生活的"汤汤水水"，写考试作文都费劲，更拿不出一篇像点样的文章来。

和第一次中考一样，第一次高考以失败告终，又一次接受复读，19岁的我，辛辛苦苦才进了省内一所普通高校。大学的我加入过文学社，只会写点板报，只会写一些报告。

[3]

一直以来，我都自卑，李晓波是天才，我是如此平凡。

最近，我拾起笔，开始写一点幼稚的文字。每天熬夜码字，但交出去的文稿老是被拒。偶尔的一篇文被媒体转载，被一部分读者认同时，也害怕再也写不出能被认同的文章。

优秀是一种瘾，但优秀的背后还有一种恐惧。如果有一天不优秀了，所有的能力都失去了，还有没有人喜欢，有没有人支持呢？

我需要找个人谈谈，便想到了李晓波，初中毕业后，就没再联系。辗转多个同学才要到他的电话，打通他电话，他人在西藏，信号不太好，我们约好在微信里聊。

"好久没联系，没见了，晓波。"聊完家常话后，我开始进入到我关心的正题。

"你还写文吗？"

"偶尔写，已不投稿，全部压箱底了，不以此为生。"

"我记得，我们俩同桌时，谈论过关于成为作家的梦。"

"梦终归是梦，而且作家这份职业一点不高尚，大多穷困潦倒，熬夜写出来的东西老是被人嘲笑，特别是在这个金钱至上的时代。"

"你不是出过书吗？文笔那么好。我最近动笔写字了，但很多次被拒稿，能给点想法不？"

"我给你的想法是，别对优秀上瘾，别被平凡吓退。"

[4]

李晓波告诉我，这些年他一度得了抑郁症，为自己不优秀抑郁。

李晓波还告诉我，优秀是一种瘾，但千万别上瘾，平凡才是唯一的答案。优秀的人陶醉于自己被喜欢、被羡慕、被崇拜的世界。

那些努力变得优秀的人其实过得并不好，对于目标的追求难以控制。优秀的人压力大，老害怕自己不优秀了，别人就会看不起自己。如果不努力做好，自己就会被抛弃。

李晓波说："我大学毕业后，以一个优秀者的身份在社会上被抛弃，被拒稿上百次，上千次。我急躁焦虑过，以致写不出任何有价值的东西来。"

李晓波告诉我，其实人都平凡，不要急于优秀，不要为平凡焦虑，更不要被平凡吓退。一部分人优秀，在于真实的付出，做真实的自己，得到了一定程度的回报。

李晓波还告诉我，做回真实的自己，即使写不好，心无杂念也就不会有顾虑，写出来的文字反而更容易变得优秀。优秀不过是一个结果，没有你想的那么重要。

因为真实的自己更接地气，坦然面对不足和失败的人才最可爱，勇于接受不平凡，而不被平凡吓退的人最容易优秀。

他说："我猜，你被拒的那些文稿是你急于想被认同的心态下写出来的吧！而那些被采用、被接受、被认可的文字却是你心无杂念一气呵成的。"

听他说完，我无言以对，很高兴自己仍不优秀，也够平凡，亦不会被平凡吓退。

敢于承认自己没那么重要

在这个网络社交捆绑日常生活的年代，你的QQ好友、微信好友、手机联系人、微博粉丝都上百了吧，那么你很可能不会有这样的经历：

微信消息条目只来自订阅号，QQ闪动仅仅是因为每日一推的QQ天气，短信号码来自10086的话费单或者各种很长号码的广告，微博消息提示都是各种账号的营销推广。

如果你没有经历过这样的一段时光，你一定还不知道其实你根本没那么重要。

你在群里聊得正欢，他们还时不时被你的幽默机智逗笑了，你觉得你成了这个群里活跃气氛的重要分子，他们的话题好像一直被你主导着。后来你突然接了个电话，拉了五分钟的家常。你迫不及待挂掉电话，以为群里会有人好奇你为什么突然不说话了，以为会有人艾特你，提到你，或者期望小点只是以为他们在继续你刚才聊得火热的话题。

但绝大多数情况是，他们根本不会在意你说没说话，他们依然聊得很嗨，并且他们的话题早就转变了，你听不懂他们在说什么，你试图接话却因为生硬而冷场。

你喜欢分享生活，每天在朋友圈、空间、微博发布着自己的日常活动，拍美食、晒美照、讲段子、读鸡汤。很多人给你点赞，给你评论，夸你生活多彩，羡慕你日子美满。你也为此沾沾自喜并且更加花心思去维护自己的社交圈，你觉得他们和你互动频繁，你在他们那里是有存在感的。

但是有一段日子你可能过得很无聊，所以没什么动态好发表的。于是你打开手机，和平时那种期待着有人互动而愉悦欢喜的感受截然不同，没有消息提醒，没有被赞提示，没有评论，也没有访问记录，只是一阵冷清和空虚。

为什么明明在大多数时候你看起来很有存在感，但在有些时候你又显得那么渺小虚无？

因为绝大多数人对于存在感的认知有误区：

你的存在感只来源于他人对自己表现的注意，来源于自己对自己的心理满足，而非来源于自己对自己表现的认可和他人对自己的心理满足。

听起来有些拗口，打个不谦虚的比方，正如"知道得越多，知道得就越少"一样，越是拗口，越值得细细琢磨。

首先，明确关于存在感的定义如下：

你被他人特别注意而产生的感觉，是对精神的一种需求程度。

由此得见两点：

第一，存在感产生的前提条件"被他人注意"到底是以怎样一种形式被注意是不明确的；第二，存在感作为一种"精神需求"到底需求主体为何人是不确定的。

然而通常情况下，人们会默认"自我表现"是"被他人注意"的主要形式，"自我"是"精神需求"的主体。这种普遍意义上对存在感的盲目认知，导致人在获得存在感的途径上产生偏颇，所以才会出现如上述的情况：通过活跃地表现自己得到他人的注意，从而满足自己对存在感的精神需求，一旦不再活跃表现，存在感也付诸东流。

真正的存在感，产生于自己对自己表现的认可，是一种对他人精神需求的满足。因为满足他人精神需求，所以获得他人的注意而得到存在感，因为得到存在感，从而产生自我认可。是在这样一个无障碍的因果循环里，存在感才真正意义上得以实现。

当你更加关心自己对自己表现的认可，就不会自欺欺人地去做一些虚无的事情给别人看，而是踏踏实实地去完成自己对自己的期许。你不用再热衷于扎堆群聊，而可以自己去阅读，去思考，去做一切来源于自我认可的有意义的事。

当你挣脱出狭隘的自我心理认知，从他人的精神世界拓见，就不会因为故步自封、自以为是而迷途不知返，才会有更高的眼界，更广的境界。你不会再鸡毛蒜皮地在社交网站上津津乐道，而是会在高于自己的角度如醍醐灌顶般意识到自己原来这么肤浅庸俗。

"你为什么没存在感""如何获得存在感""没有存在感怎么办"，关于存在感如此种种的讨论长期占据各类鸡汤板块头条，偏偏就是没有人愿意承认：不用急着找存在感，其实你根本就没那么重要。

在中国最不缺的就是人，你随时可能被别人替代。你在群里不说话，总会有别的人来接话，你不发朋友圈，别人也总会更新动态，你在微博发的自拍很美，可这世上总有人比你更美。与其在别人的世界里找存在感，不如在自己的世界里修行让别人感受到你的存在。

不找存在感，承认自己没那么重要，需要勇气，需要承受阵痛，需要攒够失望，然后开始重新认知自己，变得更强，好好踏实生活。

再说了，网上社交半年，不如片刻对坐一面。

你不仅找的不是存在感，还在浪费时间。

第四章

失败只是一堂课

这个世界不欠你的，也不欠任何人

[1]

我的朋友李良成，肯吃苦，心善，性格和谐，经常帮助人。

良成在乡下有个远亲，家境不是太好，良成把亲戚刚上小学的孩子接过来，资助孩子上学。孩子也很努力，每天学习到很晚。担心孩子太累，良成还经常劝孩子早点休息。

前些日子，老师打电话让良成过去，问了些很奇怪的问题，眼神很怪异，有点吞吞吐吐欲言又止的意思。

良成心粗，没有多想。

过两天良成替孩子检查作业，无意中看到孩子的一篇作文，顿时呆住了。

作文中有几句话，大概意思是：……这个社会，为什么如此不公？为什么有些人一天到晚什么也不干，却吃香的喝辣的？比如我大舅李良成，他一家人每天除了看电视，就是逛街购物，却总有花不完的钱？有钱人就是好，想买什么就买什么……

良成当时心里激堵，他很想把孩子揪过来，对着孩子的耳朵大吼一句：死孩子，什么叫你大舅一家一天到晚什么也不干？一天到晚什么也不干的是你爹妈！正因为你爹妈一天到晚什么也不干，才把日子混成这样！你大舅怕耽误了你都快累成狗，你居然看不到……

终于明白了老师的眼神为什么那么奇怪。

良成终不可能对孩子说句什么，怕伤到孩子，他跟我聊起这事，我也呆住了。

我想不到的是，这种畸形的心态，不知何以悄然侵袭了孩子的心灵。

[2]

在深圳时，我就深切体验到人心的偏激。有次出门，见两个保安聊天，就听一个保安说："看咱们小区，开什么好车的都有，都为富不仁！"

开好车跟为富不仁，这之间一点逻辑关系也没有，不知道这个保安怎么把二者挂联起来的。还没等我厘清他的逻辑沿递，就听另一个保安说："就是，穷的穷死，富的富死，太他妈不公道了。我现在就盼来一场运动，到时候我第一个报名，不打死这些为富不仁的有钱人，我管他们叫爹！"

后面说话的保安，脸上的肌肉扭曲着，年轻的眼睛透射着我无法理解的仇恨。而这种仇恨，完全是非逻辑的，虚构在扭曲与臆想的基础之上。

[3]

另一件事是，我有个朋友，他儿子很有出息，爹妈没怎么管，孩子自己报考海外名校并录取。朋友激动得红光满面，把熟人全都叫来，大吃庆祝。正在亢奋之余，席间有个多年老友，突然冷冰冰地扔出一句："国外的学校，根本不看考分，给钱就让上，有钱人就是好！想去哪儿上学就去哪儿上学。"

朋友堵得慌，气恼地辩解说："你说的那是野鸡大学，我儿子这可是名校，名校招录更严……我儿子可是全额奖学金啊！"

对方扔回来一句："都一样，给钱就让上。"

上你妈……朋友气得想要打人。但知道自己儿子表现太好，已经引起公愤，能做的就是立即起身埋单走人，多年的老交情，到此为止了。

[4]

上面说的这几件事，有个共同特点，都是臆造仇恨，甚至不惜修改事实。

李良成并非土豪，真的是每天累成狗。自打他把亲戚的孩子接来，等于多判了自己几年的苦役。万万没想到孩子根本不领情，之所以硬说他"一天到晚什么也不干"，只是为了人为制造不公的借口，为自己心里的愤怒建立依据。现在李良成拿这孩子的教育，束手无策，已经接来了不能再送回去，可如何告诉孩子这种观念是扭曲的？恐怕不是件容易的事，弄不好倒起反效果。

深圳那家小区，有多少挥金如土、为富不仁的坏土豪我不清楚，但我认识的几个，都是睡得比狗还晚，累得跟驴一样。其中有个老板为了接单，被客户灌到胃吐血。还有个胖土豪在最低谷的时候，被债主追杀，慌不择路，两米多高的围墙，他竟然嗖的一下就跳过去了……

如果他们知道有人如此痛恨他们，他们一定会大哭起来。

最后那个儿子上海外名校的朋友，这事还真是错在他，你儿子太有出息，就意味着对别人家孩子的无端羞辱。自己关起门，和几个亲密的朋友庆祝一下就是了，非要昭告天下，别人心里悒郁悲愤，当然要修理你。

只是这个修理的理由，无视事实，太过于扭曲。

[5]

去年回深圳时，看望几个当年的朋友。其中有一个，是当年照顾过我的姐姐。当年她研究生毕业，直接进了省级政府机关，但男友去深圳打拼，引发她热血沸腾，就毅然辞职而去，想上演一幕深圳爱情故事。

万万没想到，她去了深圳，男友却因为一连串失意，最终无法立足，回到三线小城市，让家人走关系弄了个事业编制。而她却留在深圳，于谷底起步最终风生水起，成为了有名的女企业家。

上次见面，她跟我说起个北方煤老板的事情。

她说，媒体总是称煤老板煤老板，这个贬义的称呼，带给人一种强烈的感觉，就像这些煤老板都是些没有底蕴的暴发户，除了用钱砸人，欺良霸善，良知良心一概没有。她当时也是这样认为，见到那位煤老板时，也是这种感觉。

但是感觉根本靠不住，聊过几次她就发现，在那位煤老板粗鄙的伪饰下，藏着一个洞知世象人心的心理学大师。煤老板的包里，上面是几本三点式女人的低俗杂志，下面藏着英文原版的心理学专著，看到这些书她才恍然大悟：是了，这位满口粗话的煤老板，管着几万号人，没点内功底子怎么可能？他之所以表现粗鄙，一来是他的环境中有些人只吃这套，二来是社会公认他们没文化，他为什么非要跟所有人抬杠？

这位姐姐当时深有感触地说："人哪，不怕不努力，不努力也是人生的权利，凭什么非要努力？做个平庸之辈又招谁惹谁了？怕就怕自己不努力，还扭曲臆造，无端贬低别人的付出。"

这个世界不欠你的，也不欠任何人！

你只看到了煤老板一掷千金，认为他们钻了政策的空子，却没看到他们为完成一个挖煤的系统工程，必须要上得讲堂下得井矿，指挥得了千军万马做得了地痞流氓。你只看到了别人的小蛮腰，没看到美女日夜挥汗在健身房。你只看到了别人逛街购物神清气爽，没看到人家辛苦劳累打拼奔忙。

不努力不是错，不努力偏又愤世嫉俗，于是脑子就日渐扭曲。有成就的人，或是运气好，或是人品劣，不是阿谀奉承，就是为富不仁，天底下只有你最善良。所有人全都欠你的，所有人都不该享受他们的生活，必须要接受你的正义审判。

嫉恨别人的努力所获，就刻意地无视别人的付出，给自己的不努力找借口，多少也算人之常情——但刻意欺骗自己，把自己臆想成不公正的牺牲品，从此让自己生活在悲愤的心态中，这就是折磨自己了。

别那么悲愤，这个世界真的不欠任何人。每个经济地位居于你之上的人，都有比你更惨淡的付出。他们没抢走你任何东西，你的所获，只与你的智慧付出成正比，真的不是别人的错。

失败是一堂宝贵的课

大学毕业后，凭着在学校的优异表现，我很顺利地进入了一家大型公司。我深知这份工作是我人生创业的开始，必须打下坚实的基础才能更好地发展。因此，从上班的第一天起，我便全身心地投入到这项工作中。4年后，我的付出终于有了回报，我当上了业务主管，事业有了一定的起色。

虽然工作有了起色，但我深深地记得这4年的时光中我经历的酸甜苦辣。前段时间，因为管理上的一些问题，我与经理发生了严重分歧，我们互不相让，最终争吵起来不欢而散。不知道经理是什么感觉，反正我的这个心结一时半会儿解不开，心里总是感觉很别扭，这些天一直躲着他。经理好像心里也不舒服，那次争吵之后，接连批了我好几次，我认为他这是在报复我。一天，他突然找到了我，笑着对我说："程，公司又新招了30名大学生，马上就要上班了，我想让你给他们上一课，讲一讲你的经历，让他们一到公司就树立起远大的志向……"那天，我们谈得挺好，我也认为这是我们关系缓和的开始，我欣然接受了这个任务。从哪些方面讲起呢？我一连构思了两天，终于梳理出了讲课思路，然后列了一个提纲请经理修改。经理看了我的讲稿后若有所思地考虑了好长时间，然后对我说他今晚加班改一下，明天交给我。看来我们的关系真的恢复正常了。

第二天，我高高兴兴地来到了经理办公室，经理正在等我。见我进来，便笑着让我坐下，然后把他修改好的提纲递给我，可我一看到提纲，心里的火气顿时便蹿了出来，我本来是要讲通过我的努力取得的一些可喜的成绩，可经理却把这个提纲推翻，列举了我进入公司后所犯下的几次重大失误。我顿时明白了经理的用意，原来这个小心眼的经理根本没有因为那次争吵放过我，而是通过这种方式羞辱我。我径直站起来，绷着脸对经理说："经理，对不起，这个课我不讲了。""为什么？"经理有些诧异地看着我。"你自己知道！"说完，我转身便出了门。

那个晚上，我一个人郁闷地躺在宿舍里，想着遇上这个小心眼的领导，真想把所有的东西都砸了。就在这时，大学同学刘给我打来了电话，我第一时间向他倾诉了我的苦闷，聊着聊着，我们说起了大学生活，讲起我们在大学里做生意，为了多挣点钱上假货被人发现，讲起我为了陪他追一个女孩在雨里淋了几个小时的事……我们笑着，回忆着。末了，刘意味深长地对我说："程，你发现了吗，我们记忆最深的，不是我们大学时代得了多少奖学金，而是我们曾经犯过的错误和做出的一些可笑的事……"挂断了电话，我突然回味起刘刚才的这几句话，是啊，我们曾经犯下的错误，造成的损失想忘记都忘记不掉，就像去年我们搞的一次营销策划失败，到现在我还记得其中的数据。

第二天，经理召集公司所有人员开会，照例讲评这些天的工作，然后话锋一转，讲到了最近公司一部分人员报喜不报忧的问题。他先说起了卡拉特拉瓦，就是2004年雅典奥运会主场馆设计者。他说："那一次我有幸去了他的办公室。一进门，我便发现他的办公室墙壁上挂满了装裱好的设计图纸，我本以为这都是他的经典设计作品，可他却告诉我，这些都是设计失败而被退回的作品。当我问起他为什么要挂在办公室的时候，他对我说，一看到它们，我就会想起我曾经犯下的错误……"听完了经理的故事，联想起昨天晚上刘对我说的话，我当即决定按经理的提纲讲这一课。如果通过我的失败经历能让新来的人有所借鉴，相信他们会尽快地成长起来。

那天，我走进了经理的办公室，真诚地向经理道了歉，并说要讲这一课。经理笑了，对我说："程，你成功的道路别人没法复制，每个人都有自己通向成功的路，但你曾经遭遇的败笔或是挫折却可以给人警醒。记住，时刻要把自己的错误放在心中最醒目的位置，提醒自己，也提醒别人，这才是一名真正的领导者，副总经理同志……"我一脸迷惑地看着经理，他笑了，对我说："你的大学同学刘接替你的位置，你当我副手了，为了转变你认为我小心眼的思想，我和刘商量了好长时间呢……"

那一刻，我没有任何语言，心里充满了感激与幸福。

坦然正视伤疤，才能获得独立生存和发展的能力

唐莉是一所封闭中学初一的女生。几次小考下来，她的语文、数学、外语成绩都令师生们惊叹不已，每次都是6个班的第一名。

只是这样的成绩也不能令唐莉舒展眉头，在花枝招展的女生堆里，整日显得落寞、自卑。原来，她曾得过小儿麻痹症，致使一条腿比另一条腿略短些，走起路来便一瘸一拐的。为此，她暗自伤心落泪，上苍为何如此不公。于是，她拼命学习，想必突出的学习成绩会令人刮目相看。

或许依靠自己高高在上的文化成绩，体育课上，不向老师请假，唐莉就擅自不去，结果被体育老师告到班主任马老师那里。一次体育课上，马老师发现了在教室学习的唐莉，笑嘻嘻地对她说："唐莉，别的同学能上体育课，你也能，以后要走出教室加入他们的行列，那是不一样的生活。"

唐莉没把老师的话放在心上，下次上体育课时，照旧待在教室里。这次，马老师有点严肃地说："唐莉，其他同学能做的，你也能做到，只不过，可能比他们费劲点，但即便费劲，你也必须试着去做。"

对老师的这次谈话，她不以为然，照常我行我素，可是，她的心里还是起了微澜：马老师，难道你看不出我和其他同学不一样吗？为什么这样逼我？难道把我的伤疤揭开让同学们审视吗？

马老师再次发现唐莉没去操场上体育课时，气乎乎地闯入教室，吼起来："唐莉，要让我告诉你几遍，你才能相信，他们能做到的，你照样能做

到。出去，马上出去，到操场去上体育课，按照老师的要求来做，否则你就另择名校吧。"

听着老师炸雷般的话语，唐莉知道老师真的生气了，只好忍住巨大的委屈，泪往心里流，一瘸一拐地走向操场。那一刻，她恨死了不讲任何情面的马老师，如此不懂得呵护自己已经千疮百孔的心。

更为可恶的是，马老师竟然留在操场，监督唐莉的一举一动。恰巧，适逢女生800米考试。体育老师发出跑的命令后，女同学们都撒开腿，起劲地跑起来。唐莉瞅瞅严厉的马老师，也只好跟在后面，一瘸一拐地走起来。别人不过用三四分钟，她却用了足足14分钟。

在唐莉走到终点时，马老师、体育老师和同学们齐刷刷地为她鼓起掌来，他们眼里满含着敬意，完全没有她想象中歧视的眼神。马老师走向她，给了她一个结结实实的拥抱，并悄声对她说："你看，他们能做到的，你也能做到了吧。"唐莉忍耐多时的委屈的眼泪终于化作自信的泪水，肆意地流淌下来……

从此，唐莉变得开朗起来，体育课也不再缺席。跑步、打篮球、打排球都可以看到她的身影。公共场所，也不再畏畏缩缩，而是大方地往前走，尽管还会碰上好奇的眼光，她仍能坦然面对，有时甚至主动打招呼："嗨，你好。我得过小儿麻痹症，所以走起路来才这个样子。"那好奇的目光在她的问候声中只好落荒而逃。

唐莉，是我的初中同学，现在是某大学的硕士研究生导师。在我们初中毕业20周年聚会上，唐莉当着马老师的面，讲了这样的话："每个人的生命里，总有一些伤痕存在着，显性的也好，隐形的也罢。我们习惯了躲进伤痕的保护壳里，缩着头，或逃避，或躲闪，不愿正视。于是，久而久之，这种逃避心理会蒙住我们的心灵，使我们失去前进的动力。正是在此意义上，我要感谢马老师，帮我及时揭开伤疤，让我有了直面伤痕的勇气，也才有了今天蝉蜕的可能。"说完，她向马老师深深地鞠了一躬。

是啊，有些伤痕的存在，不是我们所能左右的，但是，我们能左右的事情就是，坦然正视伤疤，获得独立生存和发展的能力。

苦难是命运给你的一份厚礼

1965年，他出生在河南长垣县一个农民家庭，一生下来，命运就向他展示了残酷的一面，他先天脊柱变形，前弓后驼，而贫穷的家庭连他的温饱都无法保证，医治残疾更成为了一种奢望。

1982年，17岁的他身高仅有1.55米，体重仅37公斤，那一年他高中毕业面临高考，成绩优秀的他自信满满，每天都要学习到深夜，家人看他如此投入，不忍心告诉他真相，一直到填报志愿的时候他才知道，因为身体残疾，没有一所大学会录取他。

得到消息的他痛苦不堪，他撕扯着自己的头发，一遍遍嘶吼着："我应该怎么办？应该怎么办？"

这样的痛苦一直持续了10年，他闭门不出度日如年，直到有一天，他看到了一本名为《我与地坛》的书。这是著名作家史铁生的作品，同为残疾人，他深深理解史铁生的痛苦，也被书中字里行间流露出的乐观向上的情绪深深打动，看着为他奔忙的年迈父母，他决定与命运抗争。

1992年，他开始外出打工，虽然身体残疾，但由于头脑灵活，他很快找到一份推销员的工作，专门向医院推销医疗器械。在一次推销中，他无意中听说当时气管导管比较紧俏，主要依赖国外进口，就突然萌生了生产这种器械的念头。

但一个身有残疾的农村青年想要做成在当时还属高技术的产品谈何容易？为学技术，他10多次上河北、下上海，7次骑着摩托车跑洛阳、郑州，向专家讨教。有一次，为了一个关键技术，他骑摩托车连夜赶往200多公里外的洛阳，专家听了他的经历，感动得热泪盈眶，毫无保留地把自己掌握的技术全部传授给他，随后，他向乡亲们借了两万元钱开办了自己的工厂。

1995年，他的气管导管研制成功，当年便获得河南省技术成果奖，还填补了国内气管导管生产的空白。1996年，他注册了"驼人"牌商标，他说："这商标'驼'字小、'人'字大，我想告诉大家，残疾人照样可以干出一番事业，驼人也能顶天立地！"

铿锵有力的话语背后，是夜以继日的劳作，身为一名残疾人，他要付出比一个健康人多出十倍百倍的艰辛努力。

上苍是公平的，经过他的努力，2010年，驼人集团已拥有数百种医疗器械产品，生产的麻醉包和镇痛泵销量稳居全国首位，并且出口到印度、土耳其、韩国等十几个国家和地区。

他富了，但他没有忘记曾经的苦难，他说："创业富民、助残，让更多的乡亲们富裕起来，让更多的残疾人就业自立，是俺的最大愿望。"

为造福乡亲，他把企业迁回家乡，安排了近2000人就业；为改善家乡落后面貌，他拿出400万元资助修路、架桥、建学校；为帮助残疾人，他花钱在媒体上刊登录用残疾人就业启事，接纳近400名残疾人就业，还建起方便舒适的残疾人公寓。

他的名字叫王国胜，驼人集团董事长，河南省残疾人福利基金会副会长，河南省政府"扶残助残慈善大使"，中国残联和中央国家机关青年联合会"爱心人士"。

时至今日，46岁的王国胜早已看淡了苦难，他对每名招募来的残疾人说，其实苦难的另一面是一种恩赐，因为伴随苦难而来的往往是一种超乎常人的坚强与不屈，而这种精神才是人生在世最为宝贵的财富。

苦难是一笔财富

一位父亲很为他的孩子苦恼。因为他的儿子已经十五六岁了,可是一点男子气概都没有。于是,父亲去拜访以为禅师,请他训练自己的孩子。

禅师说:"你把孩子留在我这边,3个月以后,我一定可以把他训练成真正的男人。不过,这3个月,你不可以来看他。"父亲同意了。

3个月后,父亲来接孩子。禅师安排孩子和一个空手道教练进行一场比赛,以展示这3个月的训练成果。

教练一出手,孩子便应声倒地。他站起来继续迎接挑战,但马上又被打倒,他就又站起来……就这样来来回回一共16次。

禅师问父亲:"你觉得你孩子的表现够不够男子气概?"

父亲说:"我简直羞愧死了!想不到我送他来这里受训3个月,看到的结果是他这么不经打,被人一打就倒。"

禅师说:"我很遗憾你只看到表面的胜负。你有没有看到你儿子那种倒下去立刻又站起来的勇气和毅力呢?这才是真正的男子气概啊!"

人的一生要遇到各种各样的磨炼、挑战和考验,在这变幻莫测的人生面前,我们究竟要为自己武装上什么才能够应对以后的风浪与坎坷呢?正如故事中的男孩一样,有强大的内心世界,能够不畏惧倒下又爬起来,这就是足够的男子气概。

"危机"这个名词大概是职场人士最忌讳的了吧。1997年的亚洲金融危机不知撼动了多少国家的经济，2008年金融危机又压倒了多少大中小型企业，危机似乎就意味着死亡，或者说是倒闭。可是一些企业，却在危机中站稳脚跟，听他们解释说："危机，危机，是危险也是机遇。"不由得去思考，危机本身只是一个浪头，可是撼动谁，压倒谁，却只是你自己的选择。苦难如果是大海的话，不妨试着去做弄潮儿，在危机中换一种方式生存。苦难是一笔财富，苦难并不意味着永远苦难，人们最出色的工作往往是处于逆境中做出的，思想上的压力甚至肉体上的痛苦，都可能成为精神上的兴奋剂。在苦难面前学会淡然一笑，这也是男子汉气概。

苦难并不可怕，可怕的是你没有认识到苦难本身蕴含着无尽的契机，如果你认为它是一道减法题，那么答案你已经知道，它将减去你所有的一切，包括生命。如果你认为它是一道加法题，那么演算的结果可能就是一个无穷数。

每个人都有权利选择人生

没有人知道他那段时间过得有多艰难，过早进入社会的他习惯了很多事情独自承受，习惯了坚持隐忍。什么时候见他都能让人感到开心，他总是很乐观，心怀目标。当我像大多数大学生一样，每天按自己的喜好吃饭、睡觉、上课，漫无目的地混日子时，从没有过多地考虑过他是怎么样生活的，只知道这哥们挣钱了有工作了，有时候周末有时间还会带我出去吃好的。

我上大二时，他好一段时间没有联系我，我偶然想起来，才给他打了个电话，却一直没人接。我想着他能有什么事，估计又加班了，闲了就会找我的。后来才知道，他出了点意外，现在想想都觉得后怕。

2009年刚过完春节，经过年前长时间的对比，他终于选好一所培训机构准备报名，学费是7000元。虽说已经工作3年，他仍然没什么积蓄。朋友的倾力相助，再加上姐姐也一直不希望他就这么干下去，使得筹学费的事省了不少心。在我，是从来没听过学费可以分期付款的，开始上课前他只筹到一部分，剩下的基本是每个月一发工资，去上课时就交一部分，留下一些基本的生活费用。有时候遇上个什么事，缺钱就得死扛。

"那都没什么，我当时就觉得只要我努力，我坚持下来，以后一定会好起来的。"

2009年3月15日，他开始了一边上班一边上学的日子。因为还要工作，他报的晚班，19点到20点30分是老师上课时间，之后到22点是自习时间。他买了一辆二手自行车，开始辗转于工地和学校。

改变很难，从头开始更难。那时候上晚班有十几个同学，干什么的都有，包括大学生、高中生、社会青年。他每天一下班，赶紧换身衣服就往培训学校赶，一去就赶紧先自己学。最头疼的是有很多设计软件是英文版的，他那初中水平根本应付不了，那段时间还老用短信发个单词问我，有的我也不认识，还以为他故意刁难我，就觉得生气，现在想想真是惭愧。

更让他难堪的是有时候工作太忙遇上加班，都没时间换衣服，只能直接穿着工作服赶过去，浑身脏兮兮的都不好意思进去，就一直站在外面等，快上课才悄悄坐后面。有时候实在太累了，坐那听课，听着听着就睡着了自己都不知道，只能下课走的时候找老师把课件拷了，回去再看。每天上完课回去自己随便下点面，吃了稍微收拾一下就又开始接着学习。

"那会儿还搞笑的是，我下载一些英语单词放到MP4里，边骑车边听单词，晚上没有注意到红灯，快11点了跟一辆右拐的车撞了，把自行车都撞变形了，本来也是我的错，大晚上司机不愿意惹事就直接走了。当时我还有意识，想到不远就有医院，就自己过去了，不过钱没带够，缝针要400，兜里就100来块钱，又灰溜溜地出来了，到对面一个社区医院上了点药。大半夜想打车都打不上，司机一看我满脸是血，都以为我是打架的，根本没人敢拉。"事情过了好久，他才这么跟我说，依旧是乐呵呵的，就跟在说别人的事一样。听得我后背一阵一阵发凉。那时他还惦记着第二天上班上课的事，赶紧和一位关系好的同学商量，直到那位同学答应礼拜天帮他辅导课程才安心。

"你知道我为什么不愿意刮胡子吗？上次磕碰到嘴唇上面了，一直有个疤，从那以后就不爱刮胡子了，久而久之就不习惯刮胡子了。"听这话的时候，我怎么也想象不出那副落寞的表情会出现在这张过早成熟的脸上。

他是高中读了一年之后，从学校出来去征兵没选上，就经人介绍走向了工厂流水线。事后他总是不在乎地跟我说:"在厂里,刚开始学的时候也不是特别苦,先去当搬运工,送货,锻炼力气。出去送货,有时候运气不好,碰到没有电梯的,干活用的预制板就得一块一块往上背,夏天还好,冬天送一趟货下来全身都湿了。干完活,身上全是灰,先找个没人的地方把衣服脱下来,抖抖灰尘。不是为干净,是为了能上公交车,谁让我全身是土呢?别人看我的眼神都不对。"

有的客户很挑剔,不小心蹭一点都不行,不管你有多累,磕坏了就骂骂咧咧的,他也只能尽量把活干得漂亮,就算没有一句谢谢,没有一瓶水。不过他还是很乐呵地跟我说:"也有的开着好车送我们回来,请我们吃饭的,还有骑自行车带我们,给我们送水的……"

有次干活,他一只手按着板子,一只手拿刀子划,一不小心就划到左手上了,食指几乎半个指甲盖都没有了,还不敢跟老板请假,一是怕扣工资,二是怕老板觉得你这人怎么啥都干不了。最后只能自己先拿卫生纸包着,下班都晚上11点了,才赶紧回租住屋附近村里的卫生站包扎。第二天伤口都肿了,去请假,领导来了句轻伤不下火线。没办法,不想丢工作就还得坚持。

"可我还年轻,我不会一辈子都干这个,第一份工作确实给我上了不少课,这是哪所学校都学不到的,教会我干什么都应该做到:不傲气,不挑拣,咬紧牙关,没有过不去的坎。"

从培训学校正式结业后,他辞掉原来的工作,顺利找到新工作。他坚持"不挑剔,不傲气",一步一步走到现在,如今在一家大的电力公司负责市场宣传和杂志设计,每天西装革履代替了一身灰尘的工作服,也在写字楼里拥有了自己的小隔间。

没有人可以选择出身,但每个人都有权利选择人生。

{ 你不是
非要成功不可 }

在报社8年,只要老大走进办公室说,要派人去某某地方,我一定直接跳起来说:"我去!"有一天刚从马来西亚出差回到办公室,行李箱还放在脚边,老大进来问:"有个去可可西里的采访。谁有时间?""我去!"我又跳起来。老大白了我一眼,说:"疯了。"那时候,我把出差等同于旅行。

[那些"苦难记忆"]

我从小是个乖孩子。在家长的引导下,刻苦学习,认真读书,学习各种乐器和才艺,非名校不考,考上了还非得争取名列前茅。工作以后就是考证狂,有事没事,无论是否出国,GRE、GMAT一个不落,还不知道日后到底怎么发展,MBA先考一个放在那里再说。乖乖存钱,好好供房,一切好孩子该做的事情我都做了。成功,是我从小到大唯一的紧箍咒。

于是,很自然地,我在报社用的完全是拼命三郎式的做法。做了一年半记者,就做了编辑;做了一年半的编辑,就当上了部门首席编辑。

有一天,做特刊做到凌晨2点,赶紧回家洗漱,把行李随便塞在箱子里,和衣睡了2个小时,4点起床,披星戴月赶到香港机场,乘坐早班机开往泰国,一去就在稻田里扎了10天。

大选题比赛策划案的前一天,在做版间隙上洗手间,发现有血迹,没在意；再去，依然有血迹；第三次，开始剧痛。把版面做完，交给老大，淡定地说："尿血，我去医院检查一下。"去了医院，取样的时候一管尿液已经是深褐色，化验单上密密麻麻的加号。医生倒吸一口冷气，说："都到这份儿上了你才来，你真能忍啊！"结论是急性膀胱炎。猛吊几瓶药水，过程中种种煎熬自不必多说，疼得腰都直不起来，每次上厕所都宛如酷刑。

[五斗米，折腰还是不折]

身体问题终于在2009年集中爆发。我在去广州轮岗的时候突然摔倒在地，四肢抽搐，全身疼痛，脸鼻歪斜，口吐白沫，直到昏厥。一切都毫无征兆。全身检查，医生最后的结论是除了一系列病症以外，最根本的原因是疲劳过度、精神焦虑、心脾两虚。

出院我就递交了辞职申请。报社领导很惊讶，他们批准我停薪留职半年，好好休养身体。能享受这样条件的人，我在报社8年，也没听说过几个。很深厚的情意，我知道。

我先去欧洲玩了3个月。在欧洲除了旅行以外，我圆了自己小时候当科学家的梦。我探访了在瑞士的科学实验室，看科学家工作、生活，了解他们的项目，学习知识。我在小镇上简单地生活，买菜、做饭、写字、散步。

回来以后，大家都以为，在欧洲玩了3个月，身心都休整好了吧，该回去上班了，位置留着呢。好多人找我谈心，包括劝诫我要珍惜大好前途，告诉我外面的世界多险恶。有人告诉我不工作的日子有多么空虚无聊，有人告诉我每个月没有固定工资的日子是多么惶恐。社保怎么办？医保怎么办？一堆问题。

广东人说"得些好意需回手"。跟单位撒娇，单位已经给足面子了，我是不是也应该乖乖领情，回去再奋斗？这五斗米——其实已经不只五斗米，还有更深厚的认可和诚意，我折腰，还是不折腰？

很多个夜晚都在做心理斗争，不是没有动摇过，不是没有恐慌过。我甚至收藏了好多投稿的网页和电话，为日后做自由撰稿人做好准备。

还有3个月的思考时间。

[赢了，免费环游世界 80 天]

一位认识的朋友发过来一个网址：雅虎免费环球80天大赛拉开帷幕。她说："这个适合你，去试试看吧。"

全国报名的已有4万余人，尝试一下又不会死，对不对？我看了一下初赛要求，无非是建立一个个人空间，贴自己写的游记、照片。老天爷，我的电脑里这些东西堆积如山啊！

于是，我开始泡人生的第一个公共论坛。我第一次有闲工夫学着怎么发帖，炒热自己的帖子，展开话题，和网友聊天——得益于多年的编辑本领，这的确难不倒我。

比赛历时两个月。网络初选，4万多名选手中选出160名进入复赛，PK文章水平、拍照水平、网络人气、亲切度，选出30名，北京复赛。最后，经过两天两夜的比赛——体能、团队合作、语言能力、应变能力，8名获奖者出炉，我是其中一名。

赢了。这是老天给我的最大的一个暗示吧？二话不说，回深圳就办理了正式的辞职手续。我走了，我80天环游世界去了。

[我是谁]

再后来……再后来就是辞职之后的故事了。

我有过不适应，名字前面再没有前缀了。在各个社交场合里，我再也不是知名大报的"首席编辑"了，那么我是谁？

再也没有人邀请我去发布会了，没有人热情地请我吃饭了，中秋节我的桌子底下不再堆着上百盒月饼了，想吃大闸蟹要自己去买了。我是谁？

终于有一天，我很坦然地跟陌生朋友介绍自己，说："你好，我是蔻蔻梁。"

我知道，自己不需要一个前缀了。自由撰稿人？作家？旅行家？美食家？生活家？我不再需要任何一个头衔。因为没有头衔，所以我拥有了更丰富的可能性。

这个世界上有很多精英分子，蔻蔻梁不去挤这道窄门了。蔻蔻梁远不完美，但唯一。这是我迟到的叛逆期，因为终于敢于不成功，所以，我放松了。

走过艰难，遇见更好的自己

很长一段时间，我是一位完美主义者。

从小我就要求自己一定做别人眼中最完美的自己！面对父母的批评，"你怎么这样不懂事！"很多孩子或许会选择同父母对着干，故意让自己不懂事。但我会选择顺从父母的心意，做父母眼中的乖孩子。过去我一直认为只有像我这样的人才能真正有所作为。

追求做一个"好孩子"，这种价值观过去给我带来了实实在在的"利益"。父母逢人便夸我听话、懂事，老师也很喜欢我，父母和老师的夸奖让我的价值观得到强化，从最初只顺从父母的心意，到逐渐在老师、长者和异性面前都会表现为善解人意。

要做到别人眼中的完美并不容易，为了做一个"好孩子"，我的人生也付出了巨大代价。只要别人对自己有一点不满意，我就会陷入深深的自责之中。有时别人的一个眼神、一个脸色、一句不经意的话都会让我思索良久。为了得到别人对自己的关注，从小我就学习了街舞、小提琴和节目主持，这些东西不是因为自己真正喜好，所以自己学习得很辛苦。追逐"完美"还让自己患上了心理障碍，每次上公共卫生间，我总是担心别人会觉得自己用时过长，不懂得尊重别人，逐渐在公厕里出现排便障碍。

最痛苦的时段还是在我考取重点高中后，我的成绩排名中上，没有老师重视、同学艳羡，我的生活好像失去重心。我开始发疯地学习，希望重新塑造在老师和同学眼中最完美的自己。为了超过别人,我有时清晨4点就起床看书。为了提高效率,在宿舍我不允许同学发出一点响声,为此与同学的关系也出现了裂痕。因为竞争激烈,我常常半夜被噩梦惊醒!直到有一天,学业的压力与自己对完美的过分追求,让我濒临崩溃的边缘,以致后来导致抑郁而休学。

休学后,每每想到与同学的差距越来越大,我心如刀绞,恨自己无能,我不能原谅自己的不完美,有一次无意识地拿起刀片割裂自己的手腕。在人生的最低谷,我找到了人格重塑专家冯大荣老师,老师告诉我,不管是"好孩子"的顺从还是"坏孩子"的叛逆,这些都是他们害怕受到批评而采取的本能保护措施,二者都是失去自我的表现。

心灵成长一定不能仅仅满足于理解和说教。每周一次的咨询,冯大荣老师都会根据我内心的问题布置一些心理练习,或宣誓,或冥想,或净化,或禅坐,这些练习让我的内心逐渐得到宁静。

第一次咨询,他让我做这样的宣誓练习,"我放弃取悦他人的旧思想,我现在选择爱我自己、满意我自己,这就足够了!""我不需要向别人证明什么,我愿意做回真实的自己!"一周的练习,我如释重负。

第二次咨询,老师让我闭上双眼,看到过去发生的一切对自己说:"不如别人,我接受!""爸爸妈妈不高兴,我接受!""别人对自己不满意,我接受!"等等,一周练习下来,我感受到从未有过的轻松。我开始可以接受自己的不完美,开始知道什么才是真正的自我。

……

2011年10月,接受过10次咨询的我,去重庆参加心灵成长培训,开始知道原来世界上最完美的自己是无条件接受自己和周围的一切,正所谓"海纳百川,有容乃大"。

2012年9月,我考上大学。

如今的我,天天坚持禅坐,时而翻阅老师的著作《你可以拥有想要的一切》,我从中获得更加真实的自我与自信。感谢生命,把我带到此时此刻!感谢抑郁,让我做回了真实的自己!

{ 痛苦和磨难的背后藏着最耀眼的光芒 }

母亲招呼我和她一起到老屋里去搬些冬储的大白菜。我闷闷不乐地放下书本，跟在母亲身后向老屋走去。

老屋很老了，听母亲说，奶奶就是在那屋出生的。如今，老屋早已不住人了，用来放杂物和大白菜。

老屋是灰褐色的土坯房，龟裂开扭扭曲曲的口子，坑坑洼洼的，像是一张布满沧桑的脸。屋顶上，从瓦片的夹缝中，生长出了许多纤细的狗尾巴草，麻雀从屋檐的夹缝里不停地飞进飞出，叽叽喳喳，这里，成了它们的天堂。

母亲打开老屋的门，门发出一阵沉闷的声响。老屋很黑，没有灯光，我努力地睁着眼睛，眼前仍是一片黑暗。母亲利索地进了老屋里面一间屋子，我瓮声瓮气地喊了母亲一声，嘴里嘟囔着，这屋里黑咕隆咚的，一点也看不见。

母亲在里间应了声，我慢慢地寻了过去。不小心，头撞在了一根木头上，疼得我龇牙咧嘴，心里更加窝了一团火。母亲在里面又应了声，我寻着声音的方向，慢慢地接近了母亲。

忽然，母亲往我怀里塞了一棵大白菜。我疑惑地问道："妈，这里面黑不溜秋的，您怎么看得这么清楚？"

母亲说道："这屋里虽然黑不溜秋的，可是，你注意到了吗？这房子墙上龟裂开的那一些缝隙，就会透进来一些光亮。透过这些微弱的光亮，我就能很快地找到大白菜。"

听母亲这么一说，我再仔细向四周看去，果然，从墙上的裂缝里，透进一缕细细的亮光，像线条似的，照在屋里。

母亲又往我怀里塞了一棵大白菜，说道："记住，有影子，就有亮光。"

在黑黢黢的屋子里，听着母亲从这黑暗里发出的声音，我有些惊讶，真没想到没有什么文化的母亲，竟说出这样深刻的话来。我有些恼火的心，变得柔软了些。

母亲又往我怀里塞了一棵大白菜，有些嗔怪道："发什么呆？拿够了，出去吧，我还要在这儿清理下。"

抱着怀里的几棵大白菜，我慢慢地挪动着步子。不过，这次出去，好像不再像刚才进来时那样磕磕绊绊的，我看到了这黑漆漆的屋子里那微弱的亮光。

走出老屋，我情不自禁地回过头去，这老屋，在我眼里，忽然变得有些妩媚、妖娆起来，对那黑不溜秋的房间，不再感到恐惧。

有时，我一个人走进老屋，也会变得利索起来。我知道怎样看见那些从墙缝里折射进来的一线亮光，让这微弱的亮光，照亮自己脚下的路。

那年，一向十分自信的我，高考却考砸了。顷刻间，世界在我眼前仿佛变得一片黑暗。我想离开这黑暗，这照不见我人生阳光的地方。我和村里几个后生约好，准备外出打工去。

母亲一直默默地在旁边看着我收拾行李，见我收拾完行李，她又往行李里塞了几本我的高考复习资料。我不乐意地说道："还要那玩意干什么？"

母亲只是轻轻地说了句："带上它们，做个伴儿，有空时，再拿出来，和它们说说话，不要忘了它们！"

我心里有些怪母亲多事，背起行李走出了屋子。屋外，几个和我一般大的年轻后生，正等着我一道出去闯荡。

母亲从屋里赶了出来，又一次喊住了我。她急急地走到我跟前，步子有些踉跄。不经意间,我看到母亲的目光中流淌着一种不舍和隐忍,似乎还有些晶亮。母亲为我整了整衣襟,一字一句地说道:"孩子,记住,有影子,就有亮光。"

听了母亲的话,我一下子愣住了。恍惚间,在老屋里搬运大白菜时母亲对我说的话,又在耳旁响起。此时再次听了这句话,就像是一把铁锤重重地敲打在我心上。我情不自禁地抬头看着眼前的天空——天空碧空如洗,一片明亮。

在外,我走过许多地方,经历了很多痛苦和磨难,但我一直没有忘记拿出母亲塞进我行李箱中的那几本书,常常和它们说说话、唠唠嗑。躺在低矮、潮湿的工棚里,看着这些书。看着看着,我仿佛看到眼前的光明越来越亮,心中渐渐有种豁然开朗的美好和灿烂。

两年后,我重新参加高考,终于如愿以偿。

人生中,我学会了看影子,看到了影子,我知道,身边必有亮光。

面对挫折，学会坦然

前辈从欧洲回来探望生病的外婆，我也在北京，两人就约着出来见面。这次，她是带着两个孩子回来的。男孩已经10岁，女孩子才2岁；不知道是混血儿，还是遗传了前辈的优质基因的缘故，两个小孩子都长得很可爱；大儿子举止很得体，还会照顾妹妹；我送他礼物的时候，他会略微有点害羞地表达谢意。

尽管已经有了两个小孩子，前辈却刚刚过完29岁生日，即将要拿到人生中的第一个博士学位。生第一个孩子的时候，她还不到20岁，在国外某大学念二年级。孩子的父亲是她暑假去欧洲学习的时候认识的，对方年长她12岁，英国人，一位研究古乐的专家。他们两个人在欧洲度过了一个完美的夏天，看戏、吃饭、喝茶，不知道过得有多愉快。结果，当她回到学校后没多久，发现自己竟然怀孕了。

事发以后，朋友和亲戚都劝她把孩子拿掉。不到20岁就生孩子，以后的人生路恐怕会大受影响。而且，她跟那个男人认识仅有2个多月，双方都没有结婚的意愿。她妈妈哭得差点住院，辛辛苦苦养大的女儿，竟然碰上这样的事情，真是叫人没法不心痛啊。

前辈当时不管家人朋友怎么说，就是不愿意把孩子拿掉。她是教徒，觉得堕胎这件事情有违自身的信仰；另一方面，她觉得如果说路上的猫猫狗狗不能被随意地杀害，那么胎儿也不能。抱着这样的想法，她决定要一边读书，一边把孩子生下来。孩子的爸爸当时还在自己的国家，得知前辈打算生孩子的时候，表示会想办法申请到她所在的城市。前辈在家仔细地研究了一下，觉得这个事情不太靠谱。主要原因是，对方正处在一个事业高速发展的时期，若是这样离开，不仅要损失多年来的努力，还会影响后面的发展。所以，她说什么都不愿意让对方过来，表示自己能把自己照顾好。在这样的固执的坚持，以及一位好闺密的帮助下，她真的一个人在国外把孩子生下来了。

她说，生下小孩子以后才知道，原来最麻烦的不是生，而是养。婴儿没有自控力，想哭的时候就哭，想吃的时候就要吃，完全不管大人是否要写论文还是想睡觉。而且，小孩子生病的时候，她一个人开车带孩子去看病，晚上彻夜照顾，第二天还得早起上课。哺乳期的妈妈不能喝咖啡，平时困得实在想睡觉，只能靠洗澡和意志力来提神。孩子的爸爸每个月都飞过来看孩子，虽然帮不上太多的忙，但还是给她带来不少的安慰。

在那几年的时间里，前辈一方面独自带孩子，一方面在拼命地刷GPA。她的那个专业特别难，除了有大量的实践课程以外，每周还有巨大无比的阅读和写作任务。这样的学习难度，连本土学生都觉得难以消化，更别提国际学生了。不过，在天赋与努力的支撑下，她仍然以非常出色的成绩毕业了。同年，她申请到一所很知名的学校的研究生，也由此跟孩子的爸爸待在了同一个城市。

因为都在一个地方，两人开始有许多接触的机会。她发现对方其实是一个很好的人，平时除了教书和乐团的工作以外，业余时间喜欢园艺，看歌剧，遛狗，并没有什么特别奇怪的爱好或生活习惯。随着约会次数的增加，两人的感情也随之升温。在硕士快毕业的时候，他向前辈求婚，前辈觉得很感动，就答应了。远在上海的父母得知这个消息，悬着多年的心才稍微放松一点。

除了父母以外，其他人看着前辈这些年所走的路，多少都替她捏了把冷汗。这条看起来可能会很崎岖的道路，却生生地被她变成一条幸福的道路——学业、婚姻和生孩子都没有耽误，堪称是人生赢家的典范。

前辈说自己根本不是勇气爆棚的人，只因年少无知，热血中二，根本不知道生孩子意味着什么，才有勇气做这样的决定；换作是今天，给她十个胆子都不敢生。18岁出国念书的时候，她只想专心读书，偶尔跟同学喝两杯，夏天去看演出吃美食；谁知道，竟然早早地当了妈妈，生活里的喜怒哀乐都变成与孩子一同分享。儿子喜欢玩拼图和画画，她陪着做，现在也学会画一些简单的素描和油画。

"人生是很难计划的。可能计划好的事情，嘭一下，全碎了。不过有时候又觉得，其实早点生孩子也没什么不好的。年轻的时候体力好，恢复得快。边读书边带孩子很不容易，但一次性把难的事情先做掉，后面就会稍微轻松一点。"前辈对我说。"体力是最重要的。"她说，"一个决策是否正确，站在当下的时间点，是不可能完全看清楚的。有了好身体，才能熬得过去，也才配拥有反悔的机会。"

讲到人生决策这件事情，我也经常为此而困惑着。究竟什么时间应该恋爱，什么时候应该结婚生孩子，学业、事业和爱情应该如何平衡；对方能不能让自己托付终生，现在舍弃的东西，是否真的会得到预料中的回报……可能对于安分守己的人来说，遇见意外事件的比率会被大大地降低。偏偏地，我又不是这种安分的人，至少，这个年纪的我，还是有继续向前走的渴望的。因为有这样的渴望，才经常会担心，自己在路途中失去最重要的人，错过最好的风景。可能这两样东西根本不存在，但是，我还是会经常为此而担心。

这个夏天发生了太多事情，加上马上要开展新的生活，我感到有点儿吃力。不知道前进的方向在哪里，也不知道下一步是悬崖还是小山丘。站在现在的这个时间点往回看，我惊讶地发现，自己真的没有走上预料中的那条路，而是去了一个从未想过的领域。虽然说对现在的生活很满意，但难免也会产生一种"命运的力量太强大了"的想法。无论是计划得多么完美的事情，无论是曾经多么努力地向前奔跑，我并没有达到预想中的目标，而是被推到另外一条路子上了。可能事情就像前辈说的那样，学业、生孩子、结婚都不是问题，只要有一个好身体，事情就总能抗得过去。与其每天都担心这个那个，倒不如先练好身体和精神，来迎接各种突如其来的挑战。

走过艰难寒冷的冬天，才会迎来温暖的春天

[1]

蒲少涛，出生在陕西一个贫困的农村家庭，自幼懂事，学习用功，高中毕业考上华南理工大学的国防生，毕业后将是一名中尉，享受副连级待遇。蒲少涛憧憬着未来，那将是怎样一个灿烂的春天啊，于家，将洒下怎样的一片春光啊！

在大学里，蒲少涛靠勤工助学来维持生活，大一进校的一年里，为了省下车费，他连一次家都没有回过。校园里，他没有同龄人的看电影、聚餐、约会，除了勤奋读书，就是辛苦挣钱。

然而，上天并没有眷顾这个努力苦干的孩子。入学第二年的一个冬天，正在进行国防训练的蒲少涛突然感到身体不适，胸闷、气喘接连袭来，被紧急送医，几经辗转，被确诊为尿毒症。

春天，瞬间远离了蒲少涛，更有他的家庭。蒲爸、蒲妈一筹莫展，以泪洗面，数十万的医疗费哪儿找去啊？好在学校知道了蒲少涛家的困境后，多方争取，并积极组织同学募捐，处在冬天里的蒲家总算有了暖阳。

为了不让父母伤心，蒲少涛总是笑颜相向，坚强面对。在医院接受治疗期间，为配合治疗，他一天只喝一口水，每次血液透析疼得全身直发抖，但他从没喊过一声。

为了不影响学习，征得院方同意，蒲少涛重返学校，并遵医嘱坚持每天自己治疗。在学校提供的单人宿舍里，每天早上、中午、下午、晚上，他都要给自己做透析、换药、消毒、打针。

[2]

独处时，蒲少涛也会滋生绝望，会一个人偷偷哭，感觉自己就是一个行走的药物体。但他终未放弃自己，仍是尽力做好力所能及的事。由于身体原因，蒲少涛不得不放弃国防生资格。想想将来，必须要学个一技之长，于是他选修了计算机专业的课程，除了课上，课下还上网找教程学习。那时，在蒲少涛的宿舍，经常可以看到他一边做治疗，一边手敲键盘。同学常劝他，身体要紧，注意休息。可他总是笑着说，学习转移了他对治疗压力的注意力。

学编程讲究实践，蒲少涛就主动帮学校将国防生网站改版，由于初学，技术生疏，熟手一个星期搞定的事，他花了一个月的时间才做好。但正是这个网站处女秀吸引了老师的注意，给他介绍了许多新的"客户"，帮他赚取了一定的生活费，更重要的，让他增添了生活的自信心——自己可以养活自己，不拖累父母。

毕业了，凭借扎实的编程技术，蒲少涛得到好几家不错的软件开发公司的青睐。可知晓他的病情后，尽管他再三保证：身体不影响工作，以后病情与公司无任何关系，但对方还是一一回绝了他。至此，蒲少涛断了找工作的念头，被迫选择创业。

在学校老师的帮助下，蒲少涛拿到了省支持大学生创业的10万元启动资金，开始了他的网站设计与维护的创业项目。但一年多下来，去掉员工工资和各项投入，蒲少涛发现自己并没有赚到钱。

2011年，蒲少涛转投电商，成立了"致尚家居"公司，成为天猫一家专业的窗轨供应商。可随着同类型网店越来越多，价格战导致利润降低，不利于公司长久发展。蒲少涛从营销模式和服务质量突围，公司在全国1000个城市布局了线下服务网络，还开发了一套ERP系统，专门用于定制类订单管理，专门制定了为顾客服务的不满意赔偿规则。

优质的产品与客户体验，蒲少涛的旗舰店成为天猫窗轨配件销售第一品牌。从2012年开始，"致尚家居"已是天猫KA级商家。

本是为了养活自己而无奈创业，不想，走过艰难寒冷的冬天，蒲少涛又迎来了人生的春天。如今，他经营的公司年营业额已经达到2000万元。令人敬佩的是，蒲少涛打拼出了一个春天，不只是与父母等家人独享，而是把灿烂的春光洒向了人间。他公司的员工大多数都是高中毕业生，但平均月收入能拿到四五千元，有些勤奋的甚至能拿到上万元；每年公司会给员工安排体检。网店每一笔订单成交额的千分之一，将会捐助给贫困山区小孩供其上学。2015年5月19日，作为对母校爱的回报，蒲少涛不声不响地给华南理工大学基金会账号汇款20万元，希望用于重病学生的帮扶，希望自己当初得到的那份关爱和帮助继续传递下去。

目前，蒲少涛工作之外，重要的就是治病并等待合适的肾源。即便如此，他依然一脸春光。"春去春会来……"他相信，生活如歌，只要不放弃。

失去不一定是损失，反倒是一种奉献

一切不关外物，一切因心而起。要想在时光的逆旅中快乐行走，重要的是安住身心，不囿于得失，不惮于失败。

于丹做客时下流行的节目《鲁豫有约》时，曾说过这样一段话："人的成长就是，'回顾所来径，苍苍横翠微'。有时候你突然看见你自己的童年，你看见那么一个不自信的、生涩的、莽撞的自己，就是傻傻地站在时间的那一端，然后你就会觉得，流光能改变人多少心里的痕迹啊。"

是啊，人生短暂，与浩瀚的历史长河相比，世间一切恩恩怨怨、功名利禄皆为短暂的一瞬，一切都会被流光倾覆，一切也都会随着时间而改变。唯一不变的是我们那颗纯真的心。然而太多人在生命的初期总是活在得失的纠结中，活在成功与失败的煎熬中，殊不知，"祸兮福所倚，福兮祸所伏"。得意与失意，在人的一生中只是短短的一瞬。行至水穷处，坐看云起时。古今多少事，都付笑谈中。

生于俗世，时刻都在取舍得失中，如果能不囿于得失，不惮于失败，平静地面对一切世事，那么就会领悟"失之东隅，收之桑榆"的真谛。懂得了舍弃的真意，静观万物，体会与世界一样博大的境界，我们自然会懂得适时地有所舍，而这正是我们获得内心平衡、获得安详的好方法，同时也会使我们冷静主动，变得更智慧、更有力量。

那么，我们如何才能真正做到不为得失所扰，不为失败所烦呢？如何才能让内心不为所动呢？禅宗智慧最具启示性。

慧能禅师见弟子整日打坐，便问道："你为什么终日打坐呢？"

"我参禅啊！"

"参禅与打坐完全不是一回事。"

"可你不是常教导我们要安住容易迷失的心，清静地观察一切，终日坐禅不可躺卧吗？"

禅师说："终日打坐，这不是禅，而是在折磨自己的身体。"弟子迷茫了。

慧能禅师紧接着说道："禅定，不是整个人像木头、石头一样死坐着，而是一种身心极度宁静、清明的状态。离开外界一切物相，是禅；内心安宁不散乱，是定。如果执着人间的物相，内心即散乱；如果离开一切物相的诱惑及困扰，心灵就不会散乱了。我们的心灵本来很清净安定，只因为被外界物相迷惑困扰，如同明镜蒙尘，就活得愚昧迷失了。"

弟子躬身问："那么，怎样去除妄念，不被世间迷惑呢？"

慧能说道："思量人间的善事，心就是天堂；思量人间的邪恶，就化为地狱。心生毒害，人就沦为畜生；心生慈悲，处处就是菩萨；心生智慧，无处不是乐土；心里愚痴，处处都是苦海了。在普通人看来，清明和痴迷是完全对立的，但真正的人却知道它们都是人的意识，没有太大的差别。人世间万物皆是虚幻的，都是一样的。生命的本源也就是生命的终点，结束就是开始。财富、成就、名位和功勋对于生命来说只不过是生命的灰尘与飞烟。心乱只是因为身在尘世，心静只是因为身在禅中，没有中断就没有连续，没有来也就没有去。"

就像慧能禅师所说的，"财富、成就、名位和功勋对于生命来说只不过是生命的灰尘与飞烟"，一切不关外物，一切因心而起。因此，要想在时光的逆旅中快乐行走，重要的是安住身心，不囿于得失，不悴于失败。

普希金在一首诗中写道:"一切都是暂时的,一切都会消逝,让失去的变为可爱。"有时,失去不一定是忧伤,反而会成为一种美丽;失去不一定是损失,反倒是一种奉献。只要我们抱着积极乐观的心态,失去也会变得可爱。

过去的失败是伤痕，也是礼物

"你是saya吧？张惠妹的妹妹，张惠春。"2015年7月24日《中国好声音》的舞台上，当庾澄庆最先认出已经退隐娱乐圈9年的"saya"时，看得出来，全职妈妈张惠春的眼泪已经止不住在眼眶里打转了。

1997年以偶像团体出道，专辑曾在台湾卖出30万张的好成绩；2003年，转战影视，凭借电视剧《名扬四海》和言承旭主演偶像剧《白色巨塔》，两次获得台湾金钟奖最佳女配角；2004年，开始发个人专辑，获得中国原创歌曲奖最具潜质歌手奖和东南劲爆榜最佳新人；2006年，她出演电影《练习曲》女主角，这部电影入围2007年奥斯卡金像奖最佳外语片奖。

这是张惠春的演艺圈履历，漂亮且实至名归。

她从来不是靠姐姐的名气而红的，在某些方面，她甚至比张惠妹做得更好，比如转战影视。《练习曲》是2007年唯一入围奥斯卡最佳外语片的华语片。为了出演《白色巨塔》，她不惜剃了光头，足以可见她的事业心。

很巧的是，在看《中国好声音》之前，我偶然听到《想念你的歌》。这是2005年底，张惠春的唱片主打歌。当年年底，她所在的BMG唱片公司被索尼唱片收购，张惠春得到了出唱片的机会。索尼很重视她。

当时的张惠春，身高160cm、体重45kg，活跃在音乐和影视两个圈子。然而，她的履历停留在了2007年。2006年年底，她与初恋男友丰偌晖结婚，淡出演艺圈，只偶尔为张惠妹亲情站台。2008年，她生下儿子，2010年又生下女儿，更是完全放弃了工作、退出了演艺圈。

站在现在看以前，张惠春的心里该是五味杂陈的。她在最高峰期隐退，为的是作为"初恋"的男人。张惠春的最后一张唱片《想念你的歌》隐隐有些"一语成谶"的味道。

"墙上时钟停格/你说放开手才会快乐/用悲伤的脉搏写成想念你的歌……想念常让我无法负荷/常常只有一个念头 I MISS YOU。"

说放手很简单，离婚也不难，难的是在以前的泥沼里挣扎着爬出一个新的自己。

张惠春的家庭，开头是童话式的美好。她的老公丰偕晖，是台湾著名棒球运动员，长相帅气，事业有成。最重要的，两个人是初恋。

"王子和公主结婚了，然后……"

"然后"就有些狗血，"然后"就是我们所看到的，做了9年全职妈妈、身材变形、早被观众甚至业内人遗忘的张惠春站在了舞台上，和90后、95后一起期待一个机会。

"为了生活，我不得不站在这里。"那天的好声音舞台确实有些戏剧化的效果，前面的95后小女孩连"梦想"都不屑于提，"未来我不知道，想做什么就做什么"。下一个，就是38岁的张惠春"为生活、为孩子而战"。

一身星光的她，放弃一切，为了爱的男人洗手作羹汤，照顾孩子和家庭，甚至连自己的孩子都不知道"妈妈原来曾经这么厉害"。原以为就这样平淡且安稳地过一辈子，但没过几年就梦碎了。张惠春从来不愿意在公共场合说离婚的事情，曾有媒体扒出是因为"性格不合"经常吵架。

性格不合？他们并不是互不了解的"闪婚"，而是青梅竹马的"初恋"。

当爱的时候，做什么都是合适的。不爱了，做什么都不合适。

女人最怕的，是把所有的希望都寄托在一个男人身上。她在最美好的年华，在最高峰的时期放弃了自己，把未来和一个男人紧紧绑在一起。最后，男人飞了，她重头再来，和小自己20岁的年轻人同台竞争。

不得不承认，张惠春的实力不复从前。还好，那英还是为她转身。

38岁的她，面对这些过去，内心也是复杂的吧。

这个世界变化太快，不过9年的时间，已经没有观众认得她，甚至，连同在圈内的那英、庾澄庆等人都不太敢相信面前的人是她。

重新再来，可能只是一时的话题热度提高了她近几年的走穴身价。要想做到以前，怕是永无机会。她清楚地知道这一点。

庾澄庆说得到位："她不简单，因为她要在自己的状态下建立一个新的自己。"

看得出来，她很紧张，可能也暂时难以适应现在的演艺圈。她曾经的辉煌与不愿提及的过去，都要被再挖出来一遍。这对一个受过伤的女人来说，也是一次撕伤疤，是血淋淋的代价。

她说，她要为孩子树立一个好榜样，让他们知道"原来妈妈这么会唱歌"。她想以她自己的能力得到孩子们的认可。

庾澄庆说："一个妈妈，不管面对什么样的境地，孩子总是她坚强的动力。"

张惠春满脸泪水，笑着认可点头。台下，她的儿子和女儿紧紧牵起了手。

或许她也会想，结婚后没有隐退会怎样？天赋、名气、努力、强大的公司加上正确的发展方向，如果一直那样下去，她可能会成为两岸的影、视、歌三栖明星。

或许会忙得心力交瘁，或许会没有足够的时间给家庭，但，她是她自己。那样的她，在孩子、老公面前，在家里，也同样会魅力四射，也许也不会走到现在的路。

一个女人最大的安全感，不应该是嫁给了一个多么完美的老公——即使他是让人安心的"初恋",也不应该是他愿意在房证、车证上加上你的名字,而应该是始终做自己,有自己的事业、圈子、生活。你给自己建了一座城,就不用怕他赶你出家门。

即使她是张惠妹的妹妹、曾经的明星,也和很多普通人一样,面对变化太快的社会、没有及时更新的知识,天赋和过去都成为历史,"长江后浪"来势汹汹,要自己做选择,也要面对选择所带来的任何结果。

已然如此,后悔已无意义,那么就勇敢地站起来,重建自己吧。

她打过无数次的退堂鼓,也害怕面对曾经熟悉的灯光。不能在过去里沉沦,勇敢地站出来就是第一步。她的嗓音不复以前,可是导师们说得对:"年龄反而会给歌曲带来不一样的生命力。"

过去,是伤痕,也是礼物。9年全职妈妈的生活是一个茧,撕破它,踩过它,建立新的自己,会痛,但也很美。毕竟,未来的路,她要独自带着孩子走。

破了茧,成蝶就不远了。

命运从不亏待勇敢奋斗的人

[1]

我曾说我最羡慕的人生状态是:"身体苗条了,精神丰满了。"

有人则问我:"我的状态正相反,那该怎么办?"

我说:"为何不愿意反转人生,逆转未来,去成为一个更优秀的人呢?"

他又说:"万一我反转了自己,人生还是一篇灰暗,岂不是白费了力气?"

我久久无言,最后打了8个字:"但行好事,莫问前程。"

我们总是在害怕前途迷茫,害怕白费功夫,害怕努力到无能为力。

但是我宁愿白费功夫,宁愿把事情做到无能为力,我也要坚持下去,因为不去做,就永远都不会有改变。在人生的质变还没发生时,你看似白费的功夫就是一点点的量变,没有量变哪来的质变。

其实生活就像一条隧道,既然你还没看到未来发出的光亮,又怎么能停下脚步呢。一旦停下,你便永远都要站在黑暗里。

你是愿意一直在黑暗里徘徊,还是不管这条隧道有多长都要努力奔向光明,挣脱黑暗?或许奔跑的时间很长,或许道路并不平坦,换个角度思考,人生最差的结果于你而言不过是大器晚成。

[2]

我有个朋友，大学还没毕业，便远离家乡，只身前往北京。当时，她的家人都极力反对，认为一个女孩子家家跑到千里之外的大城市生活，没了亲戚朋友的照应太艰难了。可她却一心想要实现梦想，咬定心思要出门闯荡。

小姑娘很倔，九头牛都拉不回来，于是家人只好说："那钱就不给了，你要是在北京活得下去，你就去吧，要是不行，你老老实实回来。"

就这样她拿着自己好不容易存下的一点零花钱，扛起行囊出发了。

初到北京，那段奋斗的日子很艰苦，房子租最差的，吃饭吃最便宜的，加班，忙到凌晨两三点是常有的事情。偶尔偷闲，朋友想请她看个电影，她都只敢看午夜场，怕当天要加班。即便是看电影也只是个形式，她往往坐在电影院里没看几分钟，就迷迷糊糊睡过去了。对于她来说，没成想睡觉都是要花钱买票才能做的奢侈事情。

我们都曾担心她无法在北京坚持下去，然而她却从一个收入不忍直视的小实习生，最终成为了一个能够在北京舒适生活的亮丽白领，拿着让无数同龄人羡慕的工资。

我从来没听过她抱怨生活的艰辛，只见她更加卖力地奋斗。

她说："我从不管事情的好坏，你只管把目的先放到一边，做自己的事情。做好了，无论你想要什么，最后都会实现的。越是害怕失败就越容易失败，你必须逼着自己克服焦虑去做事情。人要是不逼自己这么一把，永远不知道自己有多优秀。"

有时候，我们前怕狼，后怕虎，反而什么事情都做不成。但是那些不过分担心前途未卜，只管一心做事的人，往往都成就了自己的事业。

[3]

说起担忧前途未卜,我想起了自己的一段经历。

前一阵和一位作者前辈吃饭,餐桌上,我说我对自己的未来很担忧,害怕做不成事情。

他说:"你想象一下,一年后的你最乐观的情形是什么样子的?"

我认真地思考了一下:"成为一个小有名气的作者,实现自己的财务自由,大概就是最乐观的情形吧。"

他接着说:"那么你要成为这样的一个人,需要干什么?"

我恍然大悟,我要成为这样的人不正是要做我现在正在做的事情嘛。

其实年轻人愿意多思考自己的未来是一件好事情,但是最怕想得太多,做得却太少。假如你能脚踏实地地思考自己最乐观的样子是什么样的,那也请脚踏实地地行动起来吧。

酒足饭饱,前辈最后送了我两句话:一是做事情以始为终,你会发现其实你现在做的和你能想到最后在做的没有任何区别。二是你只要把自己能做的做好,不要担心没有机会,让机会自己来找你。

[4]

梁启超说:"成功人易,而获实丰于斯所期,浅人喜焉,而深识者方以为吊。"

成功太容易,收获又比预期更加丰富,目光短浅的人往往沾沾自喜,而深谋远虑的人反而引以为戒。这句话,反之亦然。

成功要是太艰难，收获远不如预期，浅薄的人或许早早放弃，坚持的人反而在吸取经验，收获知识。

有一句话不是这样说的嘛：那些没有杀死你的事物终将令你更强大。所以，世界上并没有真正白费的功夫，也没有永远黑暗的前途，有的只是没有耐心、不肯努力的人。

其实啊，一个人想要做成事情，两点很重要——经验和耐心。所以，那些你白费的功夫都将成为你的经验，那些踽踽独行的时光也将磨炼出你的耐心。

想要实现梦想，抓住成功，不管时日多长，不管坎坷多少，你要做的就是确保你走在路上，你仍在努力。一切的一切都会成为你的养分，助你茁壮成长。

道理真的很简单，你只要相信："草根终有逆袭日，人生再无回头时。"所以你只能勇敢向前，因为命运从不亏待勇敢奋斗的人。

{ 你失败得越多，离成功也就越近 }

在我们的想象里，失败是成功的反义词，失败与成功绝缘，在失败的废墟里，不可能挖掘到成功的金子。从1868年发明开始，塑料是绝缘体已成为人们的定论。直到20世纪末，美国科学家艾伦教授发明了导体塑料，才打破了这个百年定论，艾伦教授也因此获得了2000年诺贝尔化学奖。

艾伦教授是怎样发明导体塑料的呢？那是1975年，艾伦教授到日本进行学术交流，在一所大学实验室的墙角里，艾伦教授发现了一堆废弃的塑料。日本的教授告诉他，这是一个学生做实验失败时留下的废品。艾伦教授把这堆别人认为没用的废品带回国进行研究。一次，艾伦教授在这堆废品里加入微量的碘，想不到，它的导电性能竟然提高了1000倍，成了性能优秀的导体塑料，从而打破了"塑料不能导电"的传统思维，震惊了全世界。

本是一次失败留下的废品，艾伦教授只不过在这堆废品里加入了微量的碘，性质就发生了根本的改变，从绝缘体的塑料变成了导体塑料，从毫无用处的废品变成了价值不菲的宝贝。艾伦教授出人意料地从失败的废墟里挖掘到了成功的金子，谁又能说失败不是通向成功的一种导体呢？

失败并不是固定不变的，失败并非与成功绝缘，失败只不过是差了点火候的成功，就像你把1度的水加热到99度，这期间看上去你都是"失败"的，因为你并没有改变水的状态，水仍然是液态的水，但这时只要你再加一把柴，再添一把火，让水再升高1度，水的状态就会发生根本性转变，从液态升化成气态。

　　人生也是如此，失败并不是最终的定论，失败也并不是走到了人生的绝处，此时你只要再添一点点热情，再添一点点信心，再添一点点勇气，这添加的一点点的热情、一点点的信心、一点点的勇气，就会像艾伦教授添加在废塑料里的那一点点的碘，使失败成为通向成功的一种导体，最终与成功接通，点亮人生的辉煌。

　　当你遭遇失败时，请别忘了艾伦教授的实验，别忘了艾伦教授的实验给我们的人生启示：从某种意义上说，失败也是一种成功，只不过是欠了一点火候的成功。

在胜败之间做到进退自如

相信不少人在网络上看到过这样一个视频，那是关于美国女星哈莉·贝瑞去领取金酸莓奖的故事。

提起奥斯卡，无须赘言，它是电影界的最高奖项，它是业内多少为艺术献身的电影人追求的终极梦想。然而，金酸莓奖则与之相反，用来取笑当年度最烂演员及最烂影片。

曾经获奖无数的哈莉·贝瑞在演出《猫女》的那一年，就被选为金酸莓奖最烂女主角。观众批评她在此片中只知"show"身材，毫无演技可言，纯粹是一个大花瓶。

得这种奖实在不是什么光彩的事，一般影星多半会火冒三丈、退避三舍。因此大家都认为，哈莉·贝瑞八成也不会出席。没想到，哈莉竟一反常态地盛装出席领奖。当主持人宣布她的名字时，还假装一副不可思议的惊讶，双手抱头，当她拿到奖座时，还夸张得像得了奥斯卡金像奖般大叫："噢，我的天哪！"惹来一阵大笑。

她仿照奥斯卡得奖者发表感言，感谢了该戏的导演、编剧和剧组员工，还开玩笑似的把莎朗·斯通拖下水，说两人的演技平分秋色，并且笑容灿烂地表示："得到这个奖真是太刺激了，谁也不能把它从我身边抢走！"

那些专门批判好莱坞电影的酸溜溜人士，无不被她当场笑翻了。第二天，这则新闻当然成为各报娱乐头条，她不但成功博得了版面，也展示了她的气度和智慧。传阅颇广的网络文章还帮哈莉加上一段话，说从小她母亲就告诉她："想赢，就要先认输。一个不肯认输的人，没有成功的权利。"把故事铺陈得更具教育意义，感动了无数人。

战国时宋国也有这么一个人，他做的事与上面有异曲同工之处。

此人名叫监止子，是一个非常有经济头脑的商人。

有一次，一个人在街上拍卖一块价值百金的玉石，他看到那块玉石晶莹剔透，以他多年经商的经验，那绝对是一块上等的玉。

于是他也参加到了竞拍的队伍中，可是竞拍队伍中的每个人都和他一样识货，而且和他一样有钱，这样他得到这块玉石的概率就很小。大脑转得很快的他终于想到了一个好办法：他拿起玉石观看，假装不慎失手，将玉石掉在地上摔坏了，照价赔偿了一百金。

别的商人一看好玉被摔坏了，大家都为之可惜，都没人要那块碎玉了，这正合了监止子的心意，他赔偿了一百金以后又拿起那块碎成两半的玉石。

事后，监止子将摔坏的玉石捡起来，修理那摔坏了的部分，琢磨出一块光彩熠熠的宝玉，赚得了千镒，是他当时赔偿玉价的十倍。

有时候，要想胜，须先败，败非真败，是以败取胜，但要在胜败之间做到进退自如，最后稳操胜算，须有败中见胜的眼光、以败求胜的权谋和败中取胜的本领。

哪有不弯曲的人生

欲望总喜欢走猫步，总爱从生活的起点出发，取一条直线，直达目的地。就像一支箭，啪的一声射中靶心。走猫步的欲望很强势，很直接，然而，猫步毕竟只属于秀场，下了舞台，我们还是要沿着俗世里弯弯曲曲的路，迂回到达终点。

梦想和现实之间总有一段距离，没有谁可以让他们亲密接触，怀揣着梦想的火种出发的人，如果非要心急火燎地向终点直奔，势必会出现"撞南墙头破血流"的下场，正因为他们太心急，而被梦想的火焰自焚了心灵。

一味走捷径的人势必要误入泥淖，又有谁能说弯路不好呢？

凌霄花因为懂得绕路借势，才能爬到生命中高高的廊檐上看风听雨；河流因为懂得蜿蜒迂回，才能承载汹涌水流的冲击，百川东到海；弹簧因为懂得弯曲，才能承载数以万钧的压力；女人因为有曲线美，才能妖娆妩媚。

世界上没有不倒弯的生命，每一个关节正因为懂得弯曲，才能完成前进。我们往往都是通过行动上的弯曲，从而完成实践上的直线。

大自然中处处充满着智慧，蛇懂得摇摆身躯才能迅疾向前，飞鸟通过扇动翅膀才能翱翔蓝天，我、你、他总要通过这条路到那条路，然后在该邂逅的路口相逢。

太笔直的枝条往往很难绽放花朵，雪来的时候看一树病态的梅，那些躲在虬枝上的点点鹅黄，往往是能量积聚喷薄的表现。生命的版图永远不会是一条直线，弯弯曲曲才能勾勒出生命的特性美。

诗仙李白面对着怪石嶙峋的蜀道惊呼"多歧路，今安在"。命途崎岖，诗人真是找不到路吗？我觉得诗人这是在对现实撒娇，穿越时光的隧道，我们追古抚今，不也看到崇山峻岭之间，万千游人蜂拥着去看这些迷蒙的山景，去踏这些羊肠一样纠结的山路吗？

中国自古就有"直肠子"的说法，寓意一个人性情耿直，为人处世不设埋伏，其实，真有直肠子吗？没有！肠子直了，无法实现蠕动，我们的消化系统就要出问题，生命就会危在旦夕，看来，就连肠子也是要走弯路的，没有人能掰直生命的惯性。

中央电视台第三套节目的形象标志是一个由青藤幻化而来的"艺"字，这个"艺"字为什么非要写成繁体呢？我想，其中的深意不说大家也知道，就是为了实现观瞻美。其实，弯曲是艺术化的直，这是生命的审美，也是生活中一切事物的审美取向。

有弯曲才能找到直。生命是一张弓，弯路是它的弓背，弓背的弯曲才能积蓄力量，让弓弦的直显得有意义；生命是一篇小说，弯与直是这篇小说的明暗两条线索，有时候看似弯曲，实则笔直，这是生命的殊途同归！

第五章

这一刻
便是人生

{ 你还那么年轻，为什么就要这样放弃自己 }

我的一个朋友，毕业之后就进了体制内，因为不满里面的官宦气息考虑再三之后选择了转型。在学校里学习的知识，因为长时间不用，有些已经淡忘了，再加上体制内的轻松，让他把生活也过得有些随心所欲，从来没有在业余时间充实过自己。这让接近30岁的他辞职之后一度陷入迷茫的境地。

好在也才20多岁，哪怕是重新开始学习一项技能，也不算太晚。因此，我看到的他，也还是充满阳光和自信的。

但前同事小冰就不一样了。大学学的是英语，毕业就结了婚，过上了相夫教子的生活。如今孩子上了学，在家无所事事想出来工作，却发现没有公司肯接纳了。

她便自暴自弃起来，索性不再工作，只做全职太太。我们都知道英语是需要环境并且不断应用的，否则再好的基础，也会随着时间的流逝，而渐渐淡忘。

我劝小冰再加强一下自己，她说："我这辈子，也就这样了。"

感叹于小冰"好命"不需要工作也有钱花，但同时我也觉得深深的可惜。你还那么年轻，为什么就要这样放弃自己呢。挥霍掉的青春，是永远也无法回头的呀！

[人生不设限]

生命有无限种可能，不要给人生设限。

小时候看过一部电视，女主角莫南从小聪颖好学，但有先天性心脏病。父母怕她劳累，本着照顾她一辈子的打算一直努力工作，莫南凭着自己的努力和天赋考上北大了并且被保研。

在学校里认识了读艺术的老公，婚后一直在家读书、煮茶、品画，却被老公取笑生活像是八十岁的老太太。当知道老公有外遇之后，莫南吞下了10粒安定。以莫南的身体状况，10粒安定，足以让她永远睡下去。

但和平时一样的早晨，莫南自然醒来。既然没有死去，那就是重生。因为妹妹遭遇车祸，莫南换上了妹妹的心脏。没有争执，没有吵闹，她以妹妹的名字安安静静地从底层开始工作，学习插花、瑜伽，提升自己。天生资质优厚，莫南很快被提升至高层管理。

再遇见前夫，换来的是惊讶和再次追求。而此时的莫南，拥有无限种选择。

如果莫南放弃自己，即便没有死去，可能也活成了祥林嫂。但她没有，人生有无限种可能，不到最后一刻，你永远不知道你会活成什么样。我们无法预见未来，只有把握当下，顺时间而下，不虚度每一寸时光，才会活得更丰盛。

[年轻是最好的增值期]

网络文化盛行这些年，开始我们鼓吹穷游：趁年轻，哪怕没有钱，也要出去看一看，增长你的见识，开阔你的视野。

但也有反穷游盛行的：你把钱都用来旅游了，回来之后呢？那些昔日与你同等职位的人，努力工作获得了提升加薪，而你，继续眼前的苟且；父母尚在负重前行，而你却风流潇洒？诗酒趁年华，也不一定要以牺牲工作和时间为代价。

忘了是谁说过，感到压力大、快要扛不住的时候就去菜市场转一转，那些生活在最底层的人赚到的生活费用可能远远没有你的多，但他们所承受的压力却远远不比你的少，他们都还在努力挣扎不放弃，你这些小小的压力又算得了什么呢？

如果把挥霍的穷游时间用来提升自己的职场竞争力、增加自身的知识储备，工作职位得到提升，人脉得到拓展，你若盛开，清风自来，还怕不能增长见识、开阔视野吗？

都说单身是最好的增值期，其实年轻就是最好的增值期。

年轻的时候，什么都来得及，拥有最好的记忆力，拥有最热烈的激情去创造、去改变，拥有最大的勇气、最美好的想象力，还有什么做不了呢？

最怕的是拥有最美好的年纪却有一颗最苍老的心。苍老是什么？是颓败，是无力，是抱怨，是胆怯。

我认识一个姑娘悦悦，因为一直想上复旦大学，但高考失利无奈选择了上海的另一所学校。毕业之后跟着老公去了东北小城市，女儿出生以后还是一直为没能上复旦而遗憾。于是在家人的鼓励下考了复旦的研究生。

每天除了照顾小孩，还要去上课学习，每天复习到深夜，到凌晨。但因为有家人的鼓励，和自己心中那点小小的信念的支持，她从未放弃，最终顺利被录取。

很励志、很鸡血对不对？所有光鲜亮丽的背后都有无人知晓的努力和坚持。成功并不是偶然，需要有强大的忍耐力和超于常人的毅力。

前几天我因为这半年来众多事情的不顺利终于忍不住在朋友圈抱怨："命里有时终须有，命里无时究竟是求还是不求？"我的一个朋友给了我一个非常简短的回复："命不终，怎知有没有。"

是啊，很多时候我们自以为的拼命，其实不过是别人的热身而已。

[不能盲目地去忙]

说了这么多，其实大意就是不能浪费时间，让自己忙起来呗！

错了，有一种失败，叫瞎忙！

是时候说说前领导的坏话了！我之前的会计主管李会计，每个月都要求我们加班，而且一加班甚至都要超过半个月。就算是工业公司，业务相对多一些，也不至于夜夜都在电脑前忙到12点吧？我问负责成本的同事："你们以前也这样吗？"他说："李会计来了之后就这样了。既然只有那么点工作量，还非得加班，那我就索性慢一点做，不然做完了也无聊啊。"说完朝我做了个"嘘"的手势。

明白了。真想去提醒一下李会计，当你天天忙得晕头转向还没有什么成效的时候，你应该反思一下自己哪个环节出了问题，而不是一味忙下去！

我们顺时间而行，也要学会管理时间。每天花费大量的时间来做同一件事情，效果却不理想，等于在做无用功。

正如我们读书写作一样，每天读一本书，却囫囵吞枣不求甚解，草草读完了事，就算你阅读量惊人，也还是不能记住多少。倒不如先追求效率，让自己读过的书，都能在脑海里留下印象，理解书中所传达的意义，让读过的书可以为我们所用，再去追求速度。这样，书自然就是你的"黄金屋"了，不是吗？

[不积跬步，不至千里]

不要小看坚持与积累的力量。

我很喜欢的作家亦舒，人称"师太"，今年已经70岁的她出版了第300本书！一生笔耕不辍。300本书意味着什么呢？从15岁开始写作，20岁出第一本书，正好50年，就是一年6本。

她说："每天早上5点多起，一直写到7点多，然后伺候女儿，打理家务，365天，风雨无阻，雷打不动。"

这是一种怎样的毅力？需要何等的坚持方能做到？

诚然，我们常人无法做到如此强大的坚持与毅力，但如果你热爱，是不是坚持就更容易一些？

如果你喜欢写作，一天写500个字，一个月就是15000字，一年就是18万字，相当于一本书了。

如果你喜欢读书，一天读100页，一个月就是10本书，一年也有100多本。

如果你喜欢跑步，一天跑一个小时，一年就可以参加马拉松了，好身材看得见。

我们常常说，时间花在哪里是看得见的。如果只是停留在"想"而不是"做"的阶段，那也只能是"你看起来很努力"。

社会残酷的竞争力下，每个人都在努力让自己不被时间的洪荒之力击倒，时间的管理和掌控被越来越多的人提及，趁我们还年轻，我们没有时间，我们要努力将自己塑造成一个可以随时适应社会千变万化的人，你说对吗？

学会享受忙里偷闲的那些悠闲时光

一提起"闲暇",许多人就把它看作无所事事,也就是说,"闲暇"是一种没有什么价值的时间,因此,它是一种可以随便打发的时间。其实,这是对"闲暇"的一种误解。因为在人的现实生活中,"闲暇"也是一种实实在在的时间,同样有着肯定的价值。就"闲暇"的含义来说,它是指职业工作之余的时间,俗称"业余时间",或者说"八小时之外"。"闲暇"的实质,是指除了职务工作、个人及家庭生活必须支出的时间之外的,可以完全由个人自由支配的那些时间——"个人的时间"。大科学家爱因斯坦说过:"对于个人,存在着一种我的时间,即主观时间。""闲暇"就是一种完全属于个人的自由时间。因此,"闲暇"这样的自由时间,对每个人都具有特殊的价值。

我们都会有这样的体会:在每个人的一生中,真正的"闲暇",是一种难得的时光。这段时光之所以难得,因为它是不受任何人干扰,而且是完全由自己自由支配的。而对于那些勤于思考的人来说,"闲暇"尤其可贵,这是由于它给予了人们进行任何一种不受束缚的思想探索的机会。这就是说,"闲暇"是人的天赋创造性才能得以发挥的自由时间。我们在科学史中可以看到,不少的科学家正是利用"闲暇",在自己的"第二职业"中,做出了不朽的历史贡献。

这样的例子能够举出很多。哥白尼的正式职业是大主教的秘书和医生,而他在"闲暇"中从事的"第二职业"却是研究太阳系学说,正是这个研究成果，成就了"哥白尼式的革命"！爱因斯坦开始的职业是专利局的职员，而他在初期的"闲暇"中，从事的"第二职业"却是力学研究，其成果就是作为划时代贡献的"相对论"。费尔马的本职是律师，而进行关于概率论、解析几何的研究并做出了巨大贡献，则是这位大数学家的"第二职业"。如此等等。

为什么人在"闲暇"中能够释放出如此巨大的潜能？最根本的原因，是由于个人兴趣的满足，必须有充分的自由时间，而个人兴趣是人的创造性能力尽情发挥的广阔天地。关于这一点，我们可以从一种被称为"闲暇"理论的一些思想中，得到某种印证。

近代英国哲学家霍布斯曾经提出这样一个命题："闲暇是哲学之母。"一般来说，哲学意味着创造性的思维，意味着无穷的思想探索，那么，为什么人在"闲暇"中能够进行有成效的哲学研究呢？或者说，为什么人在"闲暇"中才能进行创造性的思维活动呢？这里的关键，是我们对人生中"闲暇"的本质，究竟是做消极的理解，还是做积极的理解。对此，马克思说过："时间实际上是人的积极存在。它不仅是人的生命的尺度，而且是人的发展的空间。"我们自己的人生经验也说明，"闲暇"这个"时间"和"空间"，不是一种"消极存在"，而是我们的一种"积极存在"，有了这样的积极存在，我们将能够有更充分的创造自由和广阔的发展天地。

由此可见，作为一种科学研究的术语，所谓"闲暇"，并不是人们无所事事、穷极无聊，而是人的意志自由的充分展现，人的个性的尽情发挥。很显然，意志自由的充分展现、个性的尽情发挥，也就是人作为思考主体的真正解放。自然地，这个过程本身，也就是自由地进行创造性思维的过程。不言而喻，这是需要自己能够自由地支配的时间，同时，也需要自主活动的空间。这里所说的人能够"自由地支配的时间"和"自主活动的空间"，也就是我们所说的"闲暇"的本质。

从上述对人的"闲暇"的本质的阐述中，我们还可以做出进一步的论断："闲暇"就是"自由"，而自由则是人的一切创造性活动的前提。一般来说，人的创造性活动的一个本质特征，是他对事物本性探索过程中的热情、兴趣，是他的个性的充分发挥。而这些思维特征，只有在所谓"闲暇"——自由的时间和空间中，才能得到尽情的展现，显示出自己的创造性才能。萧伯纳说，真正的闲暇并不是说什么也不做，而是能够自由地做自己感兴趣的事情。这就是说，每个人的个人自由，是他进行创造性活动的一个必要条件；对一个社会来说，也是如此。马克思在《资本论》中写道，生产力的发展、社会财富的增加，是社会的自由时间的基础，也是文化发展的基础。所以，"从整个社会来说，创造可以自由支配的时间，也就是创造产生科学、艺术等的时间"。总而言之，没有自由，就不会有创造性思维和创造性活动，从而也就没有科学、文化、艺术的真正繁荣。

有一位哲学家说，一个人如果要超群出众，就必须有发明创见，而这往往又取决于他对业余时间有效利用的程度。现代社会的领导者，应该从这句富有哲理的话中学到人生智慧：忠于职守，但是又要善于摒弃那些无谓的应酬，学会忙里偷闲，尽可能有效地利用业余时间去读书和思考，使自己在某一个领域中具有真知灼见，这样，才能成为一个出类拔萃的政治家。

请在你的人生路上肆意奔跑

在部队这些年,几乎每天都在奔跑,记不清跑了多少公里,也记不清在多少地方跑过,只有那年在云南为他跑的步还记得清清楚楚。

他叫潘永兴,是和我交情极好的一个战友,我去部队的时候,他已经在那个地方待了整整7年。虽然我是一个科班出身的军官,但部队里的事我实在知道得不多,相比之下,潘永兴技术过硬,轻车熟路。刚开始,我叫他潘班长,后来改叫潘头。

在云南驻训时,我和潘头驻守野外射击场,射击场四周都是山,山的外面还是山。我和潘头必须早晨5点半起床,提前预设场地,晚上我睡在指挥所旁边的卡车里,潘头扛着单兵帐篷去山里守靶子和钢索。这个没有任何投资的天然射击场白天人声鼎沸、枪炮轰鸣,晚上的时候死一般沉寂,让人忧伤和绝望。潘头说,当兵7年来,每年都有3个多月在这里度过,有好几个战友把鲜血洒在了这片土地上,甚至把生命都留在了这里。潘头深吸一口烟,憋得满脸通红,再徐徐地吐着烟圈,眯起眼睛凝望着远处的山,轻描淡写地继续说,我的老班长就死在这里。也许这就是他每年申请来这里的原因吧。

夏天的云南雨很多,有时下雹子,令人猝不及防。我常常被淋得像落水狗一样,但又不得不在泥地里跋涉、收旗子、装靶、舀水。最痛苦的是我们两个必须有一个回野外营区吃饭,再给另一个带饭,来回少说也有十五公里。坦克轧过的地方看起来很硬,可有的仅仅表面风干了,一脚踩上去稀泥直接没过膝盖，刚开始我经常陷到这种泥潭里，哭笑不得。潘头看到我浑身是泥的狼狈样，总会不屑地边摇头边说，"看看你这军校毕业的军官吧"。为了让带过去的饭菜还有点温度，每次我都会跑步，我发疯一样飞快地跑，因为我知道还有一个兄弟在等着我手中的饭。我感觉从来没有跑得那样快，似乎路旁那叽叽喳喳的小鸟都不如我的身躯这般轻盈。

潘头和我无话不谈，也许是在只有两个人的世界里不说话会闷死的缘故吧。有一天晚上，潘头给我讲他的班长，他说："班长姓李，贵州人。那一年，我还只是个上等兵，班长第九年，是我的新兵班长。由于我既懂事又能吃苦，班长非常喜欢我，做什么都带着我，大家叫他老李，我不敢。

"那年守射击场还有一个排长。有一天，部队训练完带回了，老李坐在炮塔上抽烟，排长站在坦克上教我打高射机枪，子弹上了膛，我兴奋地瞄啊，瞄啊……突然，不知道为什么发生了180度大调枪，黑洞洞的枪口对准了排长，我一慌神就扣动了扳机，子弹嗖嗖地蹿了出去。说时迟，那时快，班长奋力跃起，把排长一把推下了坦克，可他自己却来不及躲闪，胸口被子弹打了两个茶杯口那么大的血窟窿。我们都吓坏了，害怕得大哭起来，班长在排长的怀里不停地抽搐着，惊恐地忘记了哭泣。殷红的血顿时流了一地，我赶紧把自己的衣服脱了绑在那巨大的创面上，背起来就跑，班长身上全是血，血顺着他的腹部和我的脊背一股股地往下淌。

"班长缓缓地抬起自己的手放在我的大臂上，我哽咽着尽量跑得不要太抖。

"接下来的10分钟，我奋力奔跑在这条小路上，排长紧跟在后面托着班长的屁股。班长捏着我大臂的手时紧时松，仿佛是在表达他痛苦的程度，他已经活不了多久了。

"我强忍着泪水开始祈祷起来，把一切能够浮现在脑海里的任何东西都说了出来，上帝、如来佛、观世音菩萨、真神阿拉，但是没有一个回应我，在这条杂草丛生的小路上，在这荒无人烟的野外驻训场，一个老兵正在和死神抗争，他的两个战友正在和绝望抗争，而那个守望一切的上帝却什么都不做。突然，班长抓着我的那只手开始抽搐起来，他的手是如此用力地抓着，以致我不得不停下来，以免更坏的情况发生。我把他放在一块有靠背的草地上，排长去背他的时候，班长示意不用了。他的眼睛里浮现出一种奇异的神色，我的心剧烈地跳动着，以致胸口都有些疼痛。我不愿相信这即将到来的事情。

"我喊道：'李班长！'

"排长扶着他轻轻地问：'老李，你是不是有什么要说的？'就和电视里一样。

"班长点了点头，他的嘴唇和面部都呈现恐怖的苍白色，夹杂着血液和唾液的气泡随着呼吸在嘴角冒出来。他快不行了，他对排长说：'向……上面报的……时候，就说是我自己……操作失误……'说完后班长慢慢闭上了眼，可不一会儿又睁开了眼，他努力张了张嘴，却没有出声，排长问班长：'老李，你是担心嫂子和伯父伯母吗？'班长的眼睛眨了一下，就歪倒在了排长怀里。李班长死了，我的新兵班长死了……他真的死了。"

潘头号啕大哭起来，好像这是刚发生的事情。他先是搂着我的肩膀哭，然后蹲下来抱着头哭。他哭着对我说："排长，我对不起班长，是我害死他的。"我到底是怎么了？我凄然地扶着他，欲言又止，我不知道该如何回答他，哪怕是说一点安慰的话。是啊，5年了，他承担了太多、太久，在这样一个老兵面前我又能说什么呢？我又有什么可说的呢？

那天晚上，潘头照常按照营长的指示背了帐篷去山里。我则抱着枪静静地躺在卡车里，云南的雨夜很凉、很黑，也很静。我翻来覆去睡不着，远离家人孤独地躺在这雨声啾啾的野外，我还记得那颗顺着我的脸颊流下的热泪，那是一颗明白了世事后难以言表的眼泪。

从那以后，每次跑在这条路上，我都像一个虔诚的教徒一样，怀着极其神圣的使命奋力奔跑。仿佛有无穷的力量，永不知疲倦……日子过得很慢，但终究还是会向前流。如今我在北京读研，潘头几经考虑选择了留队，因为部队需要他。如今，不知道是谁和潘头一起守着靶场，又不知道是谁，奔跑在那条小路上，那条从野外营区到射击场的林间小路……

{ 生活不止一条路，可每条路都有它的精彩 }

13岁的麦瑞梦想有一天能做一位出色的医生。

圣诞节这天，她许下心愿，希望能拥有一套完整的人体骨骼模型。爸爸听到女儿的心愿，微笑不语，但到了晚上却变戏法似的拿出了一副被处理过的骨架。这副模型是用金属挂钩把人体的骨骼组装起来的。麦瑞只用了两周时间，就可以把它完全拆卸，然后组装得毫无瑕疵。

她出于对人体的痴迷，总喜欢在手里攥一块白骨揣摩，这让她失去不少朋友。孩子们当中，没有几个人喜欢这种阴森森的东西。

19岁那年，在被霍普金斯医学院录取时，虽然没有实际坐诊经验，但就对疾病的深入研究来说，麦瑞或许不亚于一些在医学院学习了四年的学生。她的特殊，让霍普金斯医学院决定破例允许一个新生提前跟随教授们研究课题，到医学院附属医院去坐诊，学习实际诊断技术与经验。

当有人对此提出异议时，院长说："为什么不呢？既然她已经为到达自己的目标付出了那么多努力，我们不妨让她的速度更快一些。"然而，在一次手术中，麦瑞发现自己竟然晕血。当看到医生的手术刀割开伤口，鲜血涌出时，她四肢冰冷，头晕目眩，还没听清楚医生在喊什么，就昏迷过去了。

麦瑞认为自己不能就此止步。为洗刷耻辱，弥补缺陷，私下里，她在实验室解剖青蛙、白鼠。她戴上墨镜，想通过看不到殷红色的鲜血来缓解自己的紧张。可是，这也失败了。她闻到血腥的味道，仍然会出现晕血的症状。

学校建议，麦瑞转修内科，这不需要与鲜血和手术接触。可是大家都忽略了一点，内科的病号也有咯血等症状。在一次查房时，她再次晕倒，让麦瑞彻底无法把握自己的前途了。她心灰意冷，休学回到家中，常常在卧室里一待就是一天，甚至想过自杀。

"难道自己的人生就此完结了吗？"她悲哀地想。最疼爱麦瑞的奶奶决定找她谈一谈。一天下午，奶奶拿着从《国家地理》上精心找出的一摞图片，来到麦瑞的卧室。她一张张地把那些美丽的风景展示给麦瑞看。麦瑞不理解奶奶想向自己表达什么。看完最后一张图片后，奶奶抚摸着她的头发，慈爱地说："傻孩子，在这个世界上，人生并不只有一条道，只要愿意，选择适合你的另一条路，你完全可以到达同样美丽，甚至更加美丽的境地。"

看着奶奶温暖的目光，麦瑞哭了起来。

之后，麦瑞重新选择了一所大学就读。毕业后，她在报纸上看到关于芭比娃娃的讨论。集中的意见是，芭比娃娃的身体实在是太僵硬了，能活动的关节不多，眼睛不够大，与大家期待她越来越像真人的愿望相差太远。

忽然，麦瑞想起了组成人体的那些骨骼，想起了自己积累的知识。她进入玩具公司，创造性地发明了骨瓷环，让芭比娃娃更接近真实的人体，赋予了芭比娃娃更宽的额头，更大的眼睛，更灵活的各种活动部位。芭比娃娃迅速风靡了全世界。

麦瑞无法想象，那个曾经固执的自己如果坚持下去，现在会是什么样子。现在，她确确实实地感觉到了生活中真的不只一条路，有时候换个方向，人生一样很精彩，一样可以到达梦想的顶峰。

慢下来，静下来，你会听见岁月走过的声音

[1]

有一段时间，我失业在家，心情很糟糕，母亲从老家来陪我。

早饭后，我坐在窗前写字，手上的纸片翻来覆去，几个人物与情景怎么都难有完美的衔接。我有些恼火，把键盘敲得啪啪响。母亲正在厨房里收拾碗筷，我让她帮我沏一杯咖啡。

母亲答应了。从厨房出来，却是一杯绿茶，翠绿的叶片在透明的玻璃杯里慢慢舒展开来。母亲说："喝这个吧，比咖啡好。"

母亲去阳台照顾那几盆植物，没有什么奇花异草，只是几株芦荟和一盆红掌。母亲手执花洒，轻轻浇在叶片上，再用一个小小的软毛刷子，慢慢刷去上面的尘埃，说是刷洗，看上去轻柔得倒像是拂拭，一下一下，仿若怕惊扰了它们，然后再次浇水冲洗。几分钟后，那几株植物便焕发出新的生机来。

这几株植物一向放在我的电脑旁，眼睛疲惫时我便瞟一眼，从没有想到要给它们洗个澡，忘却了亮丽它们的同时也可以擦亮自己的眼睛。

我看着母亲做这一切，有细细的阳光照在她身上，照着她渐白的发和平静的容颜。我看着母亲，忘记了适才的种种焦虑。

母亲说："做人做事不可太过急躁，总该有时间做些无用的事，安抚一下自己的心。"

[2]

一个周六的早上,醒来时,我随手翻开床头一本宋词解析,一句"绿杨堤下路,早晚溪边去"闯入我的眼帘,我心下一震。词作者魏夫人早晚到溪边去,凭栏远望,思念远方的夫君,而我有多久没到溪流河边走走,疏散一下自己困顿的灵魂了。

原本约了好友一同逛街,我给她发了一个短信说:"不去了,今天我想静一静。"她回复我一个字"酸",我看到后笑了,然后起身到河边去。

清晨的河边,垂柳依依、鸟鸣婉转,难得的静谧。走到一座木桥上时,我看到有人在桥侧钓鱼。已经撑起了遮阳伞,钓鱼的人站立着,手持鱼竿,眼睛凝视水面,他身侧的地上,是一个鼓囊囊的背包和一只小水桶。

走过他身边时,我朝小水桶里望望。半桶清水里,只有一条小鱼游动,旁边半开的包里,有面包、饭团、水杯之类。莫非连午饭都带来了?那人此时转过脸来,似乎看出了我的疑惑,朝我笑笑:"每周都有一天,我在这儿安营扎寨。"

我再次惊讶,很年轻的脸,也许不到30岁,一直以为能安心钓鱼的人都是五六十以上的老人,他不觉得这样待在河边是浪费时间吗?

我想起自己,平时忙于工作,周末忙于逛街购物,连假期旅行都是匆忙来去,似乎怕时间一慢下来,便错过了挣扎向上的机会。

可是这钓鱼的人,他这样从容悠然,将自己的一天交付于这绿柳红花、清水游鱼的恬静天地,难道不是在享受时光吗?

[3]

我习惯于黄昏时分到小公园里疾步走,公园里围绕中心湖铺了一条橡胶跑道,每天都有散步、疾走或者跑步的人。时间一久,对常来练习的人渐渐面熟起来,某天哪个没来,某天又有了新面孔,似乎心里有了个大概。

几乎天天风雨无阻的是一位老人,他在一场事故中受了伤,初来时坐在轮椅上,渐渐能够下地,现在跛着脚能慢慢走一段路。他的轮椅停在跑道边,他以轮椅为中间点前前后后练习走路,很是艰难。

我为他感到难过,这样的年纪遭受这样的折磨。有一次,我走得累了,刚好在他不远处停下喘口气。看他一扭一扭走近,我想去搀扶他一下,他朝我摆摆手。

我想安慰他几句,问他:"老伯伯,您看过《我与地坛》那篇文章吗?"没想到,老人爽朗地笑了,他说:"我自知没有才华,成不了史铁生,但是,在这园子里,我也可以跟他一样思考生命与人生。"

我有些惭愧:"我以为你会很难过,没想到却这样豁达。"老人说:"刚开始确实难以接受。可是一段日子以来,心情渐渐平静,时间慢下来,得以看看一草一木、一花一叶。"

告别老人,我走在回家的路上,心里盈怀着浅浅的喜悦。

将一片澄澈温暖的青春转手给他

刚读高一的小弟，瘦，高。学业的重压，却并没有因此让他的眼睛，像年少时的我一样，黯淡无神。他出生在90年代，携带着无穷的精力和热情，斜眼淡扫着80后的姐姐在城市的打拼里，那颗时而冷漠时而茫然的心。

我们在一块走路，他从来都是揽着我的肩，而且神情骄傲，微笑张扬。遇到他的同学，总是先把我隆重推出去，才提及他事。我觉得不适，说："你自己成绩不好，就拿读研的姐姐来做你附加的荣誉，难道你不觉得惭愧吗？"小弟却是嘻嘻笑着凑过头来，说："可是姐姐，我只是想借一点温暖而已哦。别人辉煌，为什么我就不能开心，一定要像你说的那样在自卑里奋起呢？平凡没关系啊，只要我快乐。姐姐有了成就，为什么我不能比你还要快乐呢？"

小弟就是这样，成绩平平，长相一般，却不会像我，觉得卑微，且一定要为这份灰扑扑的生活，加一个光明的注脚。他也有小小的烦恼和痛苦，但会转身即忘，从不对过往记仇。为了他有个好的学习环境，父母托人将他送入小城最好的高中，本以为他会为此感恩，自此奋发图强，给父母一个交代，却不想，他照例不给自己额外"加餐"，复习完功课便丢开辅导书，去附近的学校里和一帮低年级的小男生打球。偶尔上网，看见我在线，也不隐身，任我怎么穷尽言辞，都照旧将一个游戏玩完，这才漫不经心地在我的大段说教里，道声再见，关机走人。我常常痛心于他的放任，想起年少时的自己，为了父母的一声轻叹，都会自责上很长的时间，并在日记里，一次次发誓，再不让他们为自己烦恼。

  我谈恋爱，已是有了一年，还不肯将自己困顿的家庭介绍给喜欢的另一半。而小弟，却从来不在生活优越的好友们面前遮掩自己家庭的清贫。有时候还会带自己暗恋的女孩子，回家看他收藏的珍稀邮票，而后在窄小阴暗的楼道里，红着脸对女孩子说，如果有空，欢迎常来，而且下次来，妈妈有空了，会给你做她最拿手的手擀面呢！这时的小弟，在隔音不好的楼梯口站着，听见隔壁小孩子的哭声，大人烦躁地摔打桌椅声，还有饭菜下锅的刺啦声，却是只有幸福。一种凡俗又纯真的爱恋，在拥挤和嘈杂里，温柔潜入他的心灵。

  我记得有一次下雨，很大，我忧虑专修下水道的父亲，会因此没有活计。淋成落汤鸡的小弟，却是一脸的兴奋，说："真好，下雨的时候，最容易下水道堵塞，这样老爸就会在天晴时有更多的活做喽！"我看他脸上很真实的幸福和关切，知道他跟10年前那个处处遮掩、时时小心的自己，是不一样的。生活给了他什么，他都觉得自然，且会从容地接受。而一路拼杀到城市的我，却只是用外在的荣光，凸显了更为鲜明的卑微和自怜。

  90后的弟弟，他和我一样，面临俗世的冲击、纷乱，家庭的琐屑、吵嚷，还有同学的比拼、嫉妒。我将父辈的隐忍承继下来，加入孤单磨炼出的尖刻和冷漠，一路上左冲右突，终于在寄居的城市里，寻到一盏明亮耀眼的灯。而16岁的小弟，他出生时，是在城市的最底层，但却和那些在糖水里浸泡出的孩子一样，高傲不羁，亦可爱顽皮。生活给予他们的自信和明朗，他一样都不拒绝。他本应像我，需要历经一段长长的路，来克服贫穷附加给我们的胆怯和自卑，但他却是在我踩出的小道上，打着呼哨，带着嬉笑，轻轻地闪躲开将我击中的种种碎屑与石块，而后继续得意前行。

  这样的怠慢，生活却是微笑着，将一片澄澈温暖的青春，转手给他。

学会与生活和谐，看淡功利

上小学时除了学习，母亲不让他参与任何事。夏夜父亲在院子里修自行车，他跃跃欲试。母亲说："小孩子看这个有啥用？还不如把你的数学题弄明白。"

上初中时他迷上了象棋。周末都想和同学们淋漓尽致地"杀"上几盘。父母说，你现在的任务是好好学习，考上重点高中，等你上了大学，你就有一大把一大把的时间来玩象棋了。他听从了母亲的建议，主动放弃了自己心爱的象棋。

高中时他喜欢上了班里的一个女生。女生的单纯和善良曾让他感动。他悄悄地给她写情书，给她买小毛绒玩具。不久这件事就被他的父母发现了。这次父母痛斥他一顿："都火烧眉毛了，你还在那儿谈恋爱。谈恋爱能谈出重点大学吗？"在父母的一次又一次"教化"中他放弃了那段美好的感情。

他上大学时所学专业的就业形势已不容乐观。为了考研，他这一次主动放弃了又一次谈恋爱的机会。用他的话说："不着急，等我考上研究生，有一份好工作的时候女孩子还不排队找我吗？"就这样，他从大一下学期就准备考研。看着别人多姿多彩的大学生活，他总拿一句话安慰自己："现在是考研时间，时间不能浪费在其他事情上。"

很可惜，研究生毕业后就业形势依然不容乐观，但他不会修自行车，不会下象棋，没有女朋友，社交活动里一些笨拙反常的举动常常让人哭笑不得。

他的家人为他人生的每一步都设定了一个目标，为了这个目标，让他放弃其他任何事。他们给人生分好了"阶段"，却把自己的人生带入了一个狭窄、闭塞的入口。

常听做生意的朋友说，我要在30岁之前赚够1000万，然后用余下的时间去环游世界。但我又常常见到他们为了1000万的目标，不到30岁已是浑身毛病，只能与药罐相伴度过自己以后的人生。

其实，人生不必分阶段。想想我那位表哥，如果小学时拿出一点点的时间来学习修自行车，初中时拿出一点点时间来弄他的象棋，高中时谈一场青涩的恋爱，大学时与其他人一样过好自己的每一天，那也会是另一番景象。当春天来临时我们希望看到一个姹紫嫣红的世界，如果一种花草沾满了整个春天，难免会有些乏味。人生何尝不是如此？

在夜读时品一杯香茗何尝不是另一番享受？在工作疲惫时找几位知己谈天说地也是一种生活。如果我们给自己的人生分好阶段，夜读时忘了品茗，工作时忽略了朋友，那人生也会为之失去光彩，孤独与寂寞笼罩了我们狭隘的选择。让一缕阳光照进来，给人生一条阳光大道，抵达成功的彼岸时就会得心应手。所谓"艺多不压身"是宽容的人生里才有的结果。

给人生分阶段，其背后是强大的功利心。舍与得永远平衡。有舍才有得。那些一心想得的人往往被眼前的利益所迷惑，一叶障目，忘记了远处的风景。放下功利心，看淡舍与得，视野开阔处得到的自然会更多。

人的一生如一条大河奔流不息。给人生分阶段如同抽刀断水，只能适得其反。学会与生活和谐，看淡功利的人不会给人生分阶段，把每一个阶段都拴在一个狭窄的目标上。给自己的一生指定一个长远的目标，为其努力，不忘记真善美时生活会变得缤纷多彩，通往成功与幸福的路也会更加宽阔。

给人生分阶段，就是给人生之路设下了关卡。推倒功利的墙，人生之路就会坦坦荡荡通罗马。

{ 不妨放慢你人生的节奏 }

我认识的每个人好像都在忙碌。当他们没在工作，或是没在做有利于工作的事情时，就会着急，心生负罪感。

如今就连孩子们都是大忙人，他们的时间安排精确到了以半个小时为单位。每天当他们回到家时，跟大人一样累。

如今的这种群体歇斯底里，对生活并非必需，也并非不可避免，它是我们在默许之后选择的结果。不久前，我跟一个朋友在Skype上聊天，她因为房租太高离开了纽约，现在法国南部一个小城里做访问艺术家。她说，多年来，自己头一次感到快乐与惬意。她说现在的感觉有点像在读大学——有了一大群朋友，每晚大家一起在咖啡馆里相聚。她还交了个男友。（她曾这样悲哀地总结纽约人的感情生活："每个人都忙极了，每个人都以为自己还能做得更成功。"）她曾经以为自己的个性是冲劲十足、暴躁焦虑、郁郁寡欢，结果发现这纯粹是受环境挤压变形的结果。

我一点也不忙，大多数时候，我会在早上写作，下午骑很长时间的自行车，再处理些杂务，到了晚上，我可以见朋友、读书，或者看部电影。这在我看来是个理智而又愉快的节奏。如果你打电话给我，问我是不是能搁下工作，去大都会博物馆看看翻修一新的美国之翼展厅，或是去中央公园看漂亮姑娘，或者喝上一天的冰粉红薄荷鸡尾酒，我会回答："咱们什么时间见？"

但在最近几个月，由于工作需要，我也不知不觉变得忙碌起来。生平以来第一次，我绷着一张脸告诉别人，自己"太忙"，没法做他们希望我去做的这事或者那事。我明白人们为什么享受这种抱怨：它让你觉得自己很重要、很吃香、很有利用价值。只可惜我实在讨厌忙碌的感觉。终于有一天，我逃离纽约。

无所事事远非一段假期、一种放纵或一种缺点那么简单，它对于大脑之不可或缺，正如维生素D对身体的作用。剥夺了无所事事的权利，我们的心智将遭受折磨，无所事事赋予了我们空间与宁静，这对于我们是必要的，我们因此能从生活中退后一步，更全面地观望它，能发现意想不到的关联，等待电光火石般的灵感。阿基米德在浴缸里大呼"尤里卡"（有办法了），牛顿在苹果树下顿悟——在历史上可以找到大量关于灵感的故事，它都出现在人们无所事事、做着梦的时候。

如果所有人都跟我一样，这个世界也许很快就会完蛋。但我觉得，理想的人生，应该介于我本人目空一切的懒散与世人无止境的疯狂之间。我的角色只是提供坏影响，我就像那个站在教室窗外，对端坐在书桌前的你做鬼脸的小孩，催促你找个什么借口溜出课堂，去外面玩耍，一次就好，下不为例。懒惰与其说是优点，倒不如说是一种奢侈，但我是在很久以前就有意识地做出了决定，在时间与金钱之间选择了前者，因为我一直相信，这一生时光短暂，最好是将时间花在我喜欢的人身上。我想，临终之际，我或许会后悔当年没能工作更努力些，没有说出那些该说的话，但我又觉得，在最后一刻我真正的愿望，可能是能再跟克里斯喝杯啤酒，能再跟梅根散长长的步，能再跟博伊痛痛快快地笑一场。

人生苦短，请勿忙碌。

{ 人生是条单行道，容不得回头做二次的选择 }

"我觉得当初无知，如果早一点选择现在的行业，生活一定比现在更好。"一天，一个朋友对我说起刚刚选择的行业多么适合他自己时不禁感慨道："以前十几年那些路算是白走了……"

我微笑着听她说完，然后轻轻地说："不一定啊。"

"为什么？"对方立即吃惊地问。

"任何人生结果的发生都是有因缘的，只是我们很多时候看不到而已。就像一颗小小的不起眼的种子都来自一朵花的愿望，有时候花太小被忽略了而已。就像无花果那样，难道你真的相信有无花之果吗？

作为人生，也从来都没有白走的路程。往往在此岸还是彼岸的时候，是那些看似不相干的一步步、一段段不动声色酝酿了今天的结果。突然有一天头脑灵光一闪就惊呼哪一段哪一段白活了，事实上，没有那些所谓的"白活"，就不会有今天的豁然开朗，没有那些看似徒然的积累就不会有今天的体会，想想多年以前我们不是也理由充足地舍此而选他了吗？回想一下在我们做出当初那个决定的时候同样是经过深思熟虑了的吧。"

我们当初的种种选择，在今天看起来也许显得幼稚，其实那些选择都是今天必不可少的铺垫。只有当初烧的开水，才有今天做好的米饭；这些年的努力好比是基础，今天看到了完整的房屋。包括感受，没有这些年的"白活"，连这样的感慨你都不会有，是不是？

不经历风雨怎能见彩虹，不跋涉坎坷不会珍惜平坦。对彩虹来说风雨不是多余的，对于坦途来说坎坷不是多余的。没有经历磨难的人生领略不到"平平淡淡才是真"，没有经历大智慧谁有资格说出"难得糊涂"？

人生是条单行道，容不得回头做二次的选择；人生又是一次严肃的现场直播，不允许彩排和预演。有人说人生像一杯茶斟完了就完了，有人说像一团毛线放完了就结束了……在人生的试卷上，正分与负分具有同样的意义。

人生真的没有白走的路啊，所以在这个过程中任何一次因缘际遇都要欢喜接受，慎重对待。

人生仅有一次，请善待它

她叫萨茹拉，是中央民族大学经济学院副教授。萨老师大学毕业以后从事的工作就是与学生打交道，从未离开过。

在当代大学校园里，纯学院派老师是学术圈的主流，而萨老师是典型的实战派。在她看来，学生如何更好地适应社会，规划好职业生活才是最重要的事情。她常常告诫学生："社会和职场的要求才是王道！是'在人间，我的大学'，而绝不是'在校园，我的大学'。"

她让学生们去五星级大酒店转转，用用那里的洗手间，坐坐电梯，以后不管面试还是出差就不会犯怵。许多来自偏远地区的学生们摇头说不敢，她说只要你昂首挺胸进去，没有人拦你。她带着学生们等演出开场后买便宜的票去看芭蕾舞。她告诉学生们在北京上学期间要做10件事：看一场话剧，去一次故宫，去中国美术馆看一次画展，看一场芭蕾舞，谈一场恋爱……

"因为你在北京啊，在北京可以这样修炼自己。既然来这儿上学，就要好好利用这里的资源。"

她的期中考试是让学生们上街，从首都体育馆走到当代商城，采访沿途的店铺，然后做成PPT轮流上台来讲。"北京的街可不是一般的街，多少商铺林立，里面藏着多少创业、就业机会啊！"

一个来自农村的女生哭着来找她，说舍友们都不理她，玩什么也不带她，她感觉很受排挤。原来这个女孩对大城市一无所知，脸上还有两块"高原红"，同宿舍的女孩都嫌她土。

"你得有两把刷子才能改变现状啊！"

"什么是两把刷子？"

"学习。"

那以后，女孩除了吃饭和睡觉就去图书馆和教室，一年半以后成绩第一，开始有人请她唱歌，请她参加聚会。女孩收获了自信，毕业后在萨老师的建议下考了研，读研时交了一位很有才华的男朋友，现在女孩毕业了，在香港一家机构工作。

很多外地的学生在网上告诉萨茹拉，他们希望毕业后可以来北京工作，但不知道怎么办。萨茹拉告诉他们，假期可以来北京做兼职，不给钱也行。一个在河北上大学的年轻人就是这么做的，他每周六早上5点坐长途汽车来北京，周日晚上再赶回学校，这样风雨无阻地坚持了三年。他在北京人民广播电台做过播音员，参加过青基会的公益活动，做过志愿者，后来成功应聘一家著名报社。

萨茹拉对她的学生们说："找工作不难，你们去学校后面的科技大厦挨个敲门就能找到。"大家都把这话当成玩笑，却真有一个男生这么做了。毕业前夕，大家都在为找工作抓狂的时候，男生说他找到了一份和专业对口的工作——原来他真的去科技大厦挨个敲门，敲到三楼的时候，一家IT公司录用了他。

萨茹拉所带的班级百分之百就业，秘诀就是源于平时的点滴积累。"班里的事我什么都管，开班会的时候，最不爱说话的两个女生负责记录，把我说的话记下来，记着记着她们就知道怎么上台讲话了，以后面试的时候就不会怯场。"

一个女生工作后第一次和女上司出差，她记得萨老师的话，要带件有品位而且符合自己身份的睡衣,于是特意上街选了件小格子的纯棉睡衣。女上司回来后对她刮目相看:"没想到你还挺有文艺范儿!"萨老师还说,第一个月的工资要用来给同事们买吃的,出差时别忘给分公司的同事带北京特产,不用太贵,稻香村的点心、果脯都挺好。

一个男孩专程从东北来北京找她,他觉得自己没有活路了,想一死了之。他在当地公务员考试中,笔试面试都是前三名,但是因为体检不合格给刷了下来。他父亲因为有病把家具都砸了,压力之下他考研两次都没考上想去的大学。在萨茹拉的建议下,男孩转到另一个大学读管理学专业研究生。他走的时候,萨老师很郑重地对他说:"你不需要向任何人道歉,你以后好好生活,做最美的自己就可以了!"

找萨老师的人太多,使得她每天只能睡四个小时,但她深爱着每一个学生,她说:"可能他跟你说一句话,你给他回了,他就找到人生的方向了。"她说,自己一直想让学生们知道,不是每个老师都是为了课题费才玩命工作的。

适合自己的人生就是最好的人生

我与郑曼曼是同一天生的。妈妈说,我出生时极顺利,而邻床的郑曼曼,磨蹭了六个小时才肯露出头来,难怪取名叫曼曼。我们一个是紧锣密鼓的急急风,一个是一字一顿的慢板,偏偏又是吵不散的好姐妹。闹得最厉害的一次,是我要她跟我一起报考市里的重点高中,可成绩与我相近的曼曼却不紧不慢地说:"我无法与你保持同样的步伐,我听到的鼓点与你不同。不管远近如何,就让我跟着自己听见的节拍走吧。"

就此,我们的人生轨迹彻底分开。我咬紧牙关,一路狂奔:重点大学、考研、北漂……多年来马不停蹄,奋力厮杀,终于成为一家知名外企的白领。身着优雅的宝姿,意气风发地坐在明亮的写字间里,成就感在周身荡漾。可我仍在不断拼搏,不断为自己充电,每样工作都力求做到无懈可击。我的青春,如开弓的箭,一程一程呼啸着前进。目标,永远在前方的前方。而郑曼曼,悠悠然上了一个二流的中医学校,轻松地在附近的小县城医院谋得职位,心满意足地拿着1000多元的薪水过日子。更不可思议的是,她竟然早早嫁了当地的一个小学教师,生了一对龙凤胎,已经3岁。

那年春节回家,曼曼踢踢踏踏地领着孩子来看我。剪着显然与脸形不配的妈妈头,微胖的身材,宽松的休闲装,与我,就像是两个星球的人。一对孩子倒是可爱,穿得肥嘟嘟的,笑嘻嘻地齐齐向我作揖拜年,活像年画上的金童玉女。可没过3分钟就跑跑跳跳,又笑又闹,没有一刻的安宁,我们根本不能好好说句话。一顿饭吃得像世界大战，险象迭出。曼曼的额头沁出油汗，我的衣服上染了橙汁，老爸老妈也沾光泼了一身的鱼汤菜汁。两个小东西在吃喝之际，还争着去吻妈妈。曼曼的脸红紫绚烂，成了画布。

曼曼走后，老爸、老妈津津有味地聊着那对双胞胎。话里话外，都埋怨我至今单身，害他们怀中空空。

国庆节本来还要加班，可两位老人天天十二道金牌围剿，争着向我诉说身体不适，我只好奉旨回家。见了面，二老面色红润，目光炯炯，看上去比我还健康。两位老干部拿出看家本领，长篇大论地给我讲女大当嫁的道理。最后扬言：你若不赶快将自己嫁掉，我们就要实行父母包办了。

我耳朵嗡嗡直响，借口要去看曼曼才得以溜出家门。那所医院乍看很不起眼，一进去才发现是个极大的院落。院里长着郁郁葱葱的老树，开着碗口大的月季。中医室很静，纱窗外小鸟高一声低一声地叫着。曼曼正给一位老人看病，我默默地注视着他们。老人详述着自己的陈年病痛，目光里有种孩子般的依赖和信任。曼曼眼神沉稳，语气温和，从容地望闻问切。我的心忽地一动：多年以后，白衣银发的曼曼，该是一个多么优雅的老中医啊。

下班后，曼曼用自行车载我去她家。让我惊讶的是，那竟然是个不多见的小小院落。前院种葡萄，一嘟噜一嘟噜，结得累累垂；后院种菜，一畦一畦的红白青绿，明艳照眼，墙上还垂着紫色的扁豆花瀑布。我感慨道："曼曼，你再养头猪，喂几只鸡，镶两颗金牙，就可以关起门来当地主婆了。"曼曼笑道："许多同事早搬进新楼了，我们一家人都舍不得这个小院子，想住一辈子呢。"

双胞胎跟他们的父亲钓鱼归来，晒得黑红，一进门就甩掉鞋子，光着脚丫咚咚咚地跑。桶里只有几条巴掌大的小鱼，一家人却热烈地讨论着红烧还是清炖，我也忍不住参与进去。女主人从容地收拾着小鱼，男主人爬上梯子摘葡萄，龙凤兄妹去园子里摘菜。他们哪里会干活，简直是边吃边玩：西红柿摘下来就啃，嫩黄瓜在衣角蹭蹭毛刺咔嚓就是一口，一个大紫茄子被当成足球踢来踢去。最后两个人干脆丢了菜篮，在园子里捉蝴蝶，满园子都是清亮的笑声。曼曼炒菜煮饭，男主人殷勤地为我收拾客房。

小桌上摆着满满一盆新摘的葡萄，双胞胎胃口好极了，吃得一脸紫汁。两张鼓鼓的小嘴很乖巧，这个叫声爸，那个叫声妈，有无数问题要问。而有些问题，连我都觉得颇具挑战性，果真不是一家人，不进一家门。曼曼与她老公都是十足的好脾气，耐心地解答着孩子们的每个问题。夫妻俩时不时还要停下手里的活，隔窗温柔地辩论一下，或为对方补充几句。

我问曼曼："孩子这样聪明，怎么不上早教班呢？"她答："这样的好时光最适合这样过，不用急着把春天变成夏天，要学习，以后有的是工夫。"曼曼的口气如此悠闲，仿佛她的孩子是两粒普通的大麦种子，要由着它们在土壤里安静地做梦，在阳光和清风里自在地发芽，并不急着让它们长叶抽穗。

晚饭后，我躺在竹椅上乘凉，耳边虫声唧唧。洗完澡的孩子们挨过来，小身体又香又软。他们争着让我看葡萄叶缝隙处的星星：这一颗是哥哥的，那一颗是妹妹的，还有爸爸、妈妈、爷爷、奶奶的。兄妹俩慷慨地将一颗小小的星星送给了我，并命名为"鼠鼠鼠"。我道谢之后，掩住脸笑了很久。

如果在北京，此时闪烁在我眼前的决不是柔和的星光，而是液晶显示屏熟悉的亮光。时光在我手里，是扑落落拍翅的鸟儿，不舍昼夜地急急飞向云天深处。我努力，想让每一秒都落地有声，每一秒都熠熠生辉。而时光到了曼曼这里，仿佛忽然放缓了脚步，嘀嘀嗒嗒，从容来去，却也有一种异样的精彩。我叹口气："曼曼，我有些羡慕你了。"她回答："我也羡慕过你。可我先生说，谁都不必失落，适合自己的人生就是最好的人生。每颗星星都各有各的方向，各有各的光彩。就像我们两个，谁也不曾辜负自己的青春。"

安静是智者修行的境界，是心灵闲适的享受

去拜访一位事业有成的老同学，坐在宽敞豪华的办公室里，他电话一个接一个，进来找他的人络绎不绝，忙得连说话的工夫都没有。他自我感叹："自己好像是在为别人而活，整天静不下来，活得没有一点自我，更别说什么自在。"

安静，是一种美好的境界，恬静、安宁，如一泓秋水，映着明月。如果你站在城市的立交桥上往下看，满眼的车水马龙，满眼的行色匆匆。如果你身处社交场所，充耳的是股票、期货、房价、车价、油价、菜价等等海量的社会资讯。在这纷繁的世界里，人们的欲望形形色色，物质的追求近乎疯狂，生活的节奏好似陀螺，心态的躁动宛如汤沸，使得不同阶层的人们难得安静。不论达官贵人、巨贾富豪、鸿儒学子，还是工匠艺人、贩夫走卒、平头布衣，无不为名奔波，为利忙碌。

周国平曾写道："人生最好的境界是丰富的安静。安静，是因为摆脱了外界虚名浮利的诱惑；丰富，是因为拥有了内在精神世界的宝藏。"我觉得，这是智者的选择，是一种由里及外的安静，是心灵的需要。我理解的丰富，是一种冷静的智慧，是历经磨砺的累积，是岁月沉淀的内涵；而安静，是洞察世事的心情，是对事物无声却深刻的审视。

在当今社会，要想保持安静的心态是十分不易的。当你被误解，并因此而影响到你的声誉和进步，这个时候，你能否安静，能否泰然处之？当你周围

的朋友，一个个都发了财，宝马雕车香满路，灯红酒绿乐逍遥，这个时候，你能否安静，能否依然独伴青灯，"一箪食，一瓢饮，在陋巷"？当你的同事，一个接一个升官提职，大家在一块欢欢喜喜，而你却十几年、几十年依然故我，这个时候，你能否安静，能否还兢兢业业、任劳任怨、默默地奉献？

　　安静是智者修行的境界，是心灵闲适的享受。在时尚的鼓噪声中，让我们痴痴地守住那份安静，在都市霓虹环绕的风景线一隅，在滚滚红尘的外围边厢，以仰首望月、低头看蚁、躬身浇花、关门读书的怡然境界进入一个大千世界。一个人只要拥有这样的安静，人生境遇再变幻多舛，其内心依然安谧、澄澈、淡泊如林间山泉。

以全新的姿态迎接新生活

很多时候，面对已经发生的挫折、失败和不可挽回的损失，我们大家表现出来的几乎都是万般无奈的惊慌失措，都是痛不欲生的心情沮丧，接下来是万劫不复的心灰意冷，是自暴自弃的消沉和颓废，有人甚至因此走向轻生的绝路。

当自己处于这样的境地，我们为什么不尝试着让自己愉快地接受已经发生的事？

我接受本省一个犯罪研究机构的邀请，到鲁西南的金桥监狱，考察他们运用儒家学说改造犯人的典型。这个监狱地处偏僻的乡村，对于监狱之内的情形，我一无所知，不知道犯人们如何打发一天天的光阴，更不知道他们如何面对已经发生的巨大的人生挫折。

监狱的政委把我带到了这样的一个监室，监室中间有一个巨大的长方形案子，周边坐着十几个犯人。他们正在一个60多岁的老犯人的带领下一丝不苟地临摹着书法。我看到四面的墙上张贴着很多书法作品。政委告诉我，这些都是犯人们自己的作品，其中的优秀作品参加市里的展览还获了奖。

年龄大的那位犯人显然是他们的老师，他很认真地给那些年轻的犯人纠正着不规范的执笔方法。

政委告诉我，那位年老的犯人姓赵，进监狱之前是济宁下辖某县的县委副书记，因为经济犯罪被判刑13年。他有书法特长，进监狱之前就是济宁市书法家协会的副主席了。刚刚进监狱的时候,他的精神意志极端颓废,万念俱灰,常有自杀的念头。

但是现在不同了。监狱里成立了书法协会,他担任书法协会的主席。监狱里只要有兴趣的犯人,都可以报名加入协会跟他学习书法,最多的时候,协会成员达到60多人。

渐渐地,他从犯罪的阴影中走了出来,完全沉浸在书法教学带来的乐趣之中,一丝不苟地教学员书法,在监舍的墙壁上写下很多励志的警句,还自己编写了书法教程,他的每一天都过得十分充实,也很有成就感。

了解了这些之后,我与他有了一次轻松的交谈。他的脸上是很轻松的表情,眼睛里也有些许的光芒,站在我面前的人,如果不是他的一身囚服,看不出他曾经有过的挫折。他给我介绍一个来自云南丽江的纳西族犯人,他因为贩卖妇女而被关押在这里劳教5年。他进监狱之前不认识一个汉字,是个文盲。开始他不敢报书法协会,自己连汉字都不认识,怎么学习书法呢?

他与老赵同一个监室,老赵感觉有义务教他识字,就做工作让他报名,先教他识字,再教他书法。老赵说,现在这个小伙子已经认识3000多个汉字了,而且书法也写得有模有样。小伙子告诉我,出了监狱之后,他回到家乡就考教师,教大家认识汉字,因为他们那里最缺的是汉语老师。

老赵对未来也有自己的规划,出监狱之后,他要回到县里申请成立一个老年书法协会,他担任老师,教县里的老人们学习书法。

听了老赵和年轻犯人的话,我也为他们所感染,他们已经完全抛却了原来的挫折和失败,他们已经愉快地接受了已经发生的事,他们完全沉浸在对新生活的向往当中了。

走在监狱的院子里,我看到几乎所有的墙壁上都是老赵苍劲有力的书法。从这些书法当中,我很清晰地看到了一个经历过人生重创的老人重新站起来的身影。

　　离开监狱之后，我依然难以忘怀在金桥监狱里看到的情形。我想，我们任何一个人，在自己的一生中，都不可避免地遭遇狂风暴雨，遭遇生命的重创。当猛烈炽热的狂风裹挟着泥沙吹进我们的生活而我们又无法躲避时，我们就应该义无反顾地接受这无法躲避的命运，等狂风过后，以全新的姿态擦亮眼睛，收拾残局，让自己的人生走向一个新的高地。

{ 生活处处
皆可修行 }

"天地不仁，以万物为刍狗；圣人不仁，以百姓为刍狗。"天为琴谱地为弦，万物生灵皆为琴键，各自运转，各自跳跃，有形无形，相辅相成，拼凑成名为"生活"的章回体乐曲。

——题记

顺其自然，并不是简单的四字成语，慢慢咀嚼，方能懂得其中的妙语禅机。

天地万物，命理殊途，各有其生存之道，处世之法。人类亦如是，大自然的产物而已。

公交车还在缓步前进，车厢内不时传出不耐烦的抱怨声和心累的叹气声。行走在外，会发觉整个世界都是忙碌的。我喜欢找个舒适的角落静待着，不听音乐，不抓手机，看看花草樱木，看看川流不息。满满一车厢人，坐着的继续补觉，站着的赶紧插空看看今日要闻，有人将头探出窗外瞅了瞅，随即仰头靠回椅背上，拿手揉着太阳穴，"堵车天天有，今天特别多，上班又要迟到了，唉……"公交车上播送完经视直播后便开始播放公交之歌，"迎着晨曦，迎着阳光，我们穿梭在大街小巷……风风雨雨，寒来暑往，你的笑容每一次都会为我增添新的力量，是你教会我坚强……"悠扬高昂的女声，嘹亮清晰的嗓音，抚慰人们背离于清晨的不平和情绪。

我时常坐在车厢第二层最后头，饶有兴趣地看着窗内景、窗外景。可以看得很远，车窗擦着道路两旁的树梢，有绿叶抚过玻璃。不知名的树开了一树粉艳的花，像一团粉色的雾，站成一排，转过拐角跃入眼帘，忽地觉得柳暗花明，明媚纷纷了。街道各处都在挖掘修补，道路被大大小小的建筑牌切分成一条条一块块，歪歪扭扭地绵延。

身体可以繁忙，漂流于俗世，但内心一定要有光，开出一片花海。生活诚然不是佛祖，高高在上，当你有需要的时候才记起它，拜一拜，灵则千恩万谢，高歌一曲，不灵则弃如敝屣，束之高阁。它是你心中驯养的魔物，咫尺可及，不遥远，不可怕。读懂了，以温柔的心善待它，会变成诗，如涓涓细流荡涤你的心灵，教会你思考，明尔双眸；若以狂躁的脾气斥责它，诋毁它，则会变成洪荒巨流，携雷霆万钧，毫不留情地将你吞没，奴役汝身。

骑单车的人在大小车列中穿行，见缝插针，裹着风衣带着口罩，为自己争取时间，希望送完小孩上学还能赶得及上班。每个交通路口人行道两端都站着执勤的人员，年纪在50岁上下，拉着长布条，挽着红色袖章巾，防止心急的人闯红灯。哨子声一响，拦过人腰的布条被放下，两端聚集的人才急匆匆地过去。这些小细节，言重言轻，以前倒是从没注意，想来是我们的城市越发出类文明了。

公交站牌前往往都扎堆着人，伸着脖子眺望自己要等的那路车，只等车一到，便蜂拥上前，唯恐排到自己时，司机吼一嗓子，"后面的人等下一辆，已经装不下啦！"偶尔碰巧有洒水车经过，独具特色的充满童趣的音乐声传来，可慌乱了一群着急上车的成年人，是先跑到站牌后面避一避呢还是原地蹦跶几下来个芭蕾点地，两难的处境，几声咋呼，倒也十分有趣，笑骂过后，人也来了精神。

马路两边小道上各式各样的餐点小吃，不精致，不雅观，简陋的车篷子，站着夫妻二人，手脚麻利，不张罗，不叫唤，围着的却都是成群食客。管他西装革履，管他布衣草民，或嘴里咬着鲜香酥脆的煎饼果子，或手里提着热气腾腾的蒸饺馒头，赶路的赶路，闲聊的闲聊，撇开高低贵贱之分，三六九等云云，你我素不相识，来去不知，却都是在为同一件事奔波，那就是填饱肚子！君子博仁远庖厨，也仍要为食不厌精脍不厌细烦恼，小人薄志思安稳，也还是要为柴米油盐酱醋茶打算，要不怎么说中华传统是民以食为天呢！

给马路做卫生的阿姨、大爷，拿着称手的工具给各种广告站牌围栏建筑清理灰尘，有的开着小三轮拾捡烟头、饭盒、筷子，有的将可回收的、不可回收的垃圾分类整理，默默无闻却工作认真。

这，便是生活啊！每个人手头都有一份差事做，为自己、为家庭、为社会贡献自己的价值，大可不必高呼"我辈岂是蓬蒿人"，但一定要自信"天生我材必有用"。当苦恼于不知如何着手如何安置百思难破时，且由它去吧，时间的辊轮不会停滞不前，你的撒手放弃也不会导致世界毁灭，史书终将翻过这一页。

如果有人问我生活该是什么样子？我想我会说，站在你现在所处的位置，360度抬眼观看，你目之所及的一切都是生活，手里的一杯水，身下的一把椅子，踏出的一步路，说出的一句话，思考的一个问题……都是生活展现的形态，你存在的本身就是生活造就的，你即是生活的代名词，不然怎么会有算命先生观面相便知其周遭际遇命理顺舛呢？

生活该是首心弦之曲，没有声音，没有琴弦，指尖在空气中拨动，敲出的音符随风漂泊，流入知音人的耳。如果有人问我生活该是什么颜色，触摸起来该是怎样的质感？我想我会说，生活就像灯笼里的蜡烛在夜晚寂静无人时透露出来的微黄灯光，不明媚却很温暖，不苍凉却很安祥，让孤独的旅人知道，此处有人家、有烟火，有可以充饥取暖的希望；像慈爱老母亲的双手，常年搓捻着梭子线，铜扣抵过针头，布鞋纳了一双又一双，纵使斑驳褶皱黢黑粗糙，也依然让人舍不得放手,握着它,漂泊的心才逐渐变得安定、熨帖、皈依。

　　我们都是乞丐,讨要着生活,或简单,或容易,或豪奢,或艰辛,低头弯腰,昂首阔步,都是我们生存的姿态,找准自己的位置,随音起舞,佛在我心,怀着慈悲,生活处处皆可修行。

做自己喜欢且擅长的事，才最快乐

我们公司刚刚入职的95后小姑娘，一脸茫然地对我说："我好迷茫、好焦虑，怎么办？我好害怕自己到了30岁还是现在这样的状态，既不能脱单，又不能脱贫。"

我问她："你喜欢现在的工作吗？"

她想了想说："谈不上喜欢，也不讨厌。"

"那你一般下班后都做什么呢？"我接着问她。

小姑娘掰着手指头一一数来，"看看电影、逛逛网上商城、刷刷微博、和朋友微信聊聊天……每天都做这些挺无聊的。"

我劝她说，"如果你不想迷茫，就不要把时光全部浪费在这些事情上，而是要把时光'浪费'在自己擅长的事上。不要告诉我，你擅长聊天购物，我所指的擅长是将来可以让你三十而立的特长。"

"可是，我也不知道自己擅长什么呢？"小姑娘一脸茫然。

我拿了一张纸、一支笔递给她，很简单，你在纸上写下自己性格中的优缺点和所有感兴趣的事，然后看自己的优势最适合做哪些感兴趣的事。

小姑娘接过纸和笔，努力思索，最后，她很认真地告诉我，她喜欢看电影、关注娱乐新闻，至于特长吗！上学时候作文写得还可以，只是毕业后没有再坚持，几乎都荒废了。

我告诉她，"既然你喜欢看电影，关注娱乐新闻，又擅长写东西，那你每天下班后看一部电影，看完后坚持写1500字的影评。如果当天有什么重大娱乐新闻也可以写写你的看法，先坚持一年试试。"

小姑娘有些疑惑地对我说："姐，写影评的人那么多，而且我都把写作荒废了，我肯定没戏啊！"

我叹了口气，"在一件事情还没开始之前，请不要先否定自己。你可以多想想自己应该如何去做，怎样坚持下来。你才21岁，坚持七年后，你就有可能成为非常优秀的影评人，到时候三十而立，脱贫、脱单简直就是so easy！"

其实，我在21岁的时候也非常迷茫，非常焦虑，担心自己无法三十而立，无法给自己的孩子和父母一个很好的生活保障。我常常在夜深人静的时候辗转反侧，难以入睡，不停地想自己今后该何去何从。

因为焦虑，因为迷茫，毕业四年间我去过很多城市，换了很多工作。每天下班后，我除了和朋友倾诉我的迷茫，就是在QQ空间里伤春悲秋，写下自己的孤独和无助。

终于在25岁那年，我想明白了，自己擅长的东西是写作。于是，我找了份编辑的工作，每天下班后写写自己的心情。我每一次发微博和说说都字斟句酌，把每一次发声都当作是练笔的机会，认真地写下自己的生活感悟。我还在一家知名文学网站注册了账号，把平时看到的、听到的只字片语整理成文章，慢慢地，我的文章屡屡被加精推荐。

后来，我成了全职妈妈，我把带孩子之外的所有时间都浪费在读书、写文章上。两年后，我提前实现了出书的梦想。

小姑娘听完我的故事后问我，我只要和你一样努力、一样坚持，就可以实现梦想对吗？

我点了点头，又摇了摇头。努力和坚持是很重要，但更重要的是要做自己喜欢且擅长的事。

网上曾经有一篇热文叫《下一个七年，你是谁？》，文章中说，一个人如果要掌握一项技能，成为专家，需要不间断地练习10000个小时。如果每天练习5个小时，每年300天的话，那么需要7年的时间，一个人才能掌握这项技能。

六六在微博中也提到过这个理论，她说自己就是经过7年的努力写作，才成为一名作家。

然而我觉得，比起日复一日年复一年的坚持，选对努力的方向同样重要。

六六在最近的采访中说过，我们降生的时候，是自带作业包的——我把这个词叫作业包：每个人都有他天选的职能。但很多人，可能一生都没法找到这个作业包在哪儿。

大多数人之所以迷茫或焦虑，不是懒，也不是不懂得坚持的意义，而是找不到自己的作业包，以至于盲目努力，搞得自己身心俱疲。只有挖掘自己潜在的天赋，找到这个作业包，做自己喜欢且擅长的事，才可能事半功倍。

如果年轻的你也正在迷茫，无比焦虑为什么自己那么努力还依然过得不够好，那么或许就该静下心来认真想一想，自己的兴趣和天赋到底在哪里，然后把时光"浪费"在自己擅长的那些事上，相信生活一定不会辜负你的每一分努力。

活着就要热气腾腾

我很喜欢别人跟我说，这个真好听，这个真好看，这个地方值得你请假去一趟……

一位朋友突然在吃饭时大叫一声："老板呢？"把服务员吓得够呛，以为发生了什么事。朋友激动地站起来说："这碗这么漂亮，哪儿买的，能不能卖给我？"原来是看上这只碗了，她不过是认同老板的品位而已。老板自然是出现了，淡淡地说："我收集的，我好这一口。还有一只，喜欢就送你吧。"一个热气腾腾的灵魂遇到另一个热气腾腾的灵魂。

一个爱书的人，提到他某天买到一款蜡烛，很激动地请了几个朋友来家里吃饭，只因为这个蜡烛名字叫"图书馆"：潮湿、油墨味、雨天、木屑……他要分享这"图书馆"的味道。

友人前不久在国外参加了一个54岁男士的毕业音乐会。这个男人小时候的梦想是当个音乐家，但是由于各种原因，后来学了飞机修理专业，当了一辈子高级修理工程师，自称高级工人。50岁他光荣退休，接下来干什么？实现梦想啊。正儿八经报名去大学音乐系学作曲，跟小朋友们一起上了四年大学，54岁毕业，自己作词、作曲、演奏，钢琴、小提琴、竖琴样样都来，邀请亲朋好友来参加他的音乐会，这是一场多么感人的音乐会啊，友人说感受到了一种力量，热气腾腾的力量。人家50岁才开始呢。倒是很多年轻人认为梦想是空话、白话，也可以说根本就没有梦想。

一个来国内旅行的美国大学生说，他很不喜欢一些中国大学生，因为他们无趣，除了房子、车子不会聊别的。友人说起来很感慨，美国大学是没有年龄限制的，你经常可以看到50岁的老人与18岁的年轻人同班学习，互不干扰，互相帮助。她说有一天，她看到自习室里有一位头发花白的老绅士在认真地看书，前前后后坐的都是年轻人，那情形像是一道风景。

国外的年轻人都会有毕业旅行，意在寻找自己的梦想，这个过程父母是可以资助的。她的一个朋友就资助孩子去墨西哥旅行，而她的孩子真的在那里找到了自己的梦想——一个美丽能干的墨西哥姑娘。他租了一段海岸线（那里的海岸线是可以承包的，你可以使用，但有维护的义务），并承包了海岸线后的一片山林，在海边盖了自己的梦想小屋，凭自己的劳动在南美生活下去。他的母亲不但没有反对，反而很高兴：瞧，他终于实现了他的梦想。他一直梦想自己有一个海边的小木屋，屋里有个长发姑娘。瞧，他热气腾腾地活着，真好。

别让你的人生迷失在朋友圈

[1]

今天,我把我死党超哥的朋友圈屏蔽了。我之所以屏蔽他,不是因为代购、刷屏等无聊信息,而是因为30岁的他已经死了。

我是多么想留住当年他留给我的果敢、坚定的形象,所以我不想看到一具像是超哥的尸体还在网上蹦跶。

在这个指尖上的中国里,朋友圈里每天都有人像超哥一样死去。下面跟随镜头,我带大家走进他们在这个世界的最后几天。

周一,超哥更新了朋友圈,是专家为他们进行培训的一组照片。照片里有他和专家的合影,底下配有文字:每天都在不断进步,加油努力超越自己。

我知道这个专家,讲的内容都是20世纪的东西。也许超哥勤奋好学,但我搜遍了他一年的朋友圈,没有他自己上台讲课的照片。我不禁联想,当年师范生教学比赛一等奖的超哥去哪儿了?

周二,超哥再次更新。他拍下了妈妈在打扫卫生的照片,并配有文字:妈妈老了,是该我们儿子回报她的时候了。

朋友圈下面数十个赞,评论里不断赞赏超哥是个孝顺的儿子,超哥更是热情回复,回复都是大段内容,言辞诚恳、文采飞扬。

我想,真正孝顺的儿子,此时还是接过妈妈的扫把吧!

周三，超哥又一次更新。他放出了他熬夜工作的照片，照片里的他憔悴不堪。照片配有文字：不要在奋斗的岁月里玩手机。在焦急地等待了两分二十七秒后，领导点赞了。

他满意地把文件丢开，他坚信自己从此会加薪升值，迎娶白富美，走向人生巅峰。

两年后，领导已经为他累积了不少赞，只是他的职位和薪水始终没变动过。也许在奋斗的岁月里，真的不能玩手机啊。

周四、周五、周六，超哥放出了自己在健身房的照片，配上了杨绛百岁感言作为文字。照片上的超哥很得意，就好像他自己真的每天都在锻炼，每天都在看书。

所以他完全不知道，他在健身房的照片上一点汗水都没有，假如他真读过杨绛的文字，就会明白先生是不会写百岁感言这种鸡汤文的。

和我一样真正在意超哥的人，是不会为他的这些行为点赞的。

周日，我在超哥更新自己朋友圈前，选择了将他屏蔽。伴随着屏蔽的这个动作，朋友圈上的超哥的头像消失，我心里那种恶心的感觉立刻被更大的空虚所融解。

原来点赞之交可以淹没的不仅是真正的朋友，还有真正的自己。

在朋友圈这口枯井里喊话时，那震耳欲聋的回声，可以彻底把你爬出这口井的愿望掩盖，就好像你真的是这个世界的主人一样。

[2]

五一节的时候，我约一位老友出来聚餐。

电话打过去的时候，老友惊讶地说："我已经去美国工作了，难道你不知道吗?"

我问什么时候的事?为什么不通知我?

老友反问我:"你是不是把我的朋友圈屏蔽了,我每天都在发啊。"

我没有屏蔽他,只是我的好友太多,我几乎没有阅读朋友圈的习惯了,偶尔利用碎片时间看下都很奢侈。

我笑着告诉老友:"你应该电话我,而不是发朋友圈。如果我今天也是朋友圈邀约你吃饭,你赴约吗?"

老友也笑着说:"是啊,你一天分享你的鸡汤文,我早把你屏蔽了!"

我暗暗捏了把汗。假如我看了他的朋友圈,知道了他在美国,没有电话邀约他聚餐而是朋友圈下面点赞的话,我们的友谊估计真的终结了吧。

黑塞说过:"也许有一天,不管有没有导线,我们都会听见所罗门国王的声音。人们会发现,这一切正像今天刚刚发展起的无线电一样,只能使人逃离自己和自己的目标,使人被消遣和瞎费劲的忙碌所织成的越来越密的网所包围。"

在微信已经成为低成本沟通工具的今天,黑塞的话成了绝佳的预言。

我们在朋友圈里成了一个自己不认识,别人不理解的人。我们聚精会神地盯着是否有人点赞,却不知我们的内心早已荒无一物。

[3]

和一位硕导聊天时,他告诉我:"多数考不上研究生的学生都喜欢在朋友圈里发自己刻苦努力的照片,真正成绩优秀的学生,进图书馆是不带手机的。"

我对号入座了十几位同学,发现硕导说得无比正确。

情圣告诉我:"喜欢在朋友圈刷屏美食的人,多数是单身的人,一个有固定性生活的人,是不会对食物成瘾的。"

这次我不敢对号入座了，但我想起了心理学的一个经典实验——大鼠实验。当老鼠们生活在有性伴侣、有玩具和充足食物，甚至有音乐的环境中时，它们会无视实验者提供的免费海洛因。

我身边越来越多的朋友选择停用朋友圈，甚至开始使用传统的信件进行交流。

以前我真的不理解：在微博、知乎、简书这样的平台上，陌生人之间还能愉快平等地交流，可为什么到了朋友圈，大家更多的是反感和不屑。

后来我知道了，在这个越缺什么就越觉得别人在炫耀什么的时代，朋友圈变成了敌人圈。

既然在敌人圈里，虚张声势是必要的。于是朋友间除了互相伤害外，还学会了一种用发朋友圈来代替实际行动的"聪明"战术。

换句话说，你之所以懒，是因为你已经在朋友圈努力过了。这件事只能麻痹你自己，你最亲的朋友是知道这点的。

每个人阅历见识不同，不可能所有新状态都符合你的胃口，有用的信息自是需要你去筛选的。你觉得朋友圈要死去了，那只是因为你的境界和层次已经超出大部分人，朋友圈的营养已不足以支撑你的精神需求。

很多人迷失在朋友圈的别样生活里，他们满怀希望用朋友圈去统治别人的情绪，殊不知却把真正的自己困死在了虚无的点赞中。

当他们意识到朋友圈里的生活，不过是廉价的家家酒时，他们就把自己生活的真正潜力永远扼杀在摇篮里。

我希望能够做一个独立的人，不管朋友圈有没有赞，我的奋斗计划都将继续下去。我想永远地把我自己的命运牢牢掌握在我的手里，即便代价是在精神上要永远保持孤独。

暖和了岁月，轻柔了生命

有个晚上逛知乎，看到这样一个问题。有人问："明末张岱说的那句'人无癖不可与交，以其无深情也'，到底是什么意思呢？"

古话总有千般解读，而抛开到底哪份回答最为精确，我却因此读到一份赞同无比的评论："一个人若无所癖好，没有特别喜欢的事或特别喜欢的人，必定心性凉薄，缺乏深情和真气。"

翻开朋友圈，我有那么多对生活充满热情、拥有无数趣味的朋友。有人钻研摄影，拍山拍海，拍笑脸拍泪滴；有人喜欢两栖动物，家里养着蜥蜴和蛇，在蛇蛋上画笑脸，数着日子等待蛇宝宝的诞生；有人每天坚持做营养又色泽鲜艳的早餐；有人做皮具，做布艺手工；也有人烘焙，从远方烤好不同口味的曲奇，寄给我分享。

被兴趣和爱好填满的生活，让每个人都充满能量，元气满满。

你，是否曾认真注视过周围的一切？

比如回家路上抬抬头，关注晴天夜晚时星星的明暗变化？比如注意路人精致的发饰，好看的妆容，卖氢气球的小贩将气球拴在宠物狗的身上，可爱无比。又或者，是叶子绿了又黄，风吹过裹上花香。

你，是否关注过自己时间的开销？

划来划去的手指，刷来刷去的朋友圈和微博，占据上下班的路上，回家后的空余时光，清早醒来吃早餐的间隙。

可是，这些零碎的小时间，这些不起眼的小变化，其实，就是我们的生活，全部的生活。

生命只有一次，生活，却可以有千万般模样。

不能做动物园饲养员，那就读与动物有关的书，看纪录片和电视节目，了解生命的神奇奥秘。不能成为光芒万丈的偶像，那就带着小小的暖意，让每一个与我相识的人，都受到温暖的感染和影响。不能去世界每一个地方旅行，那就先了解自己所在城市的历史和故事，当一个好的导游，在每一个朋友来访的时候，给他们最好的旅途回忆。

旷野或田间，若热爱，便去徜徉和享受，用力呼吸，使劲美好。高山峻岭，若不喜欢，那就放弃对雄伟的征服，不用世俗的成功勉强自己，温柔照料那颗心。

曾经有人问我，希望未来拥有怎样的生活？

答案是——丰富而轻盈，踏实而有趣。

我喜欢写字，喜欢在一笔一画之间，寻找着内心的平静和安宁。我还试着去使用不同的笔，寻找笔和纸的关联，钢笔适合写明信片，软笔则抄心经。我从世界各地买回咖啡豆，然后在家里放一台意式咖啡机，厨房里的小小空间，装着一间专属于我的咖啡馆，有在京都旅行时有机店铺里买到的芳香，有在清迈一间获过世界级拉花比赛奖项的咖啡馆里带回来的浓郁，它们结束旅途，却装点了我的每一个清早。

我还去学游泳，学新的录音软件，学着找最好的角度，拍好看的照片，学着定制明信片和印章，学着让生活充满积极的力量。

我将旅途中为自己寄的明信片装进大尺寸的相册里，偶尔翻阅，回忆那些写下它们的时刻。我用拍立得相机去定格珍贵的画面：曼谷的人来人往，富士山的清晨，大阪环球影城里的笑容，全都散发暖意。我买了一台迷你的音响，醒来时便连通手机，用APP播放巴黎的电台，仿佛窗外就是梦想的国度，那个迟早会抵达的旅程。我记下每个朋友的生日，从微博和朋友圈里寻找他们爱好的痕迹，手写下祝福的卡片，亲手送过去或远程递送。

我的私人微信，签名档是一句我很喜欢的英文。翻译过来的话，就是说：只要你充满对生活的爱，一切美好的事物都总会与你相遇。

我们爱一个人的时候，总是有千万种方式，去交付自己的款款深情。带着无数新鲜的话题，拥有最好的笑容和妆容，铭记着喜悦的、甜蜜的时刻。

而对于生活，我也想要投以恋爱般的深情。我希望我拥有足够的能力去寻找新的事物，尝试新的快乐，以此填满愉悦的新奇，洒满新鲜的芬芳，然后，当有一天，我遇到一个如我一样生活在丰盛和美好之中的人时，我也能让他充满惊喜地发现，我和我的生活，同样值得这份爱。

生活，构成了我们的生命本身。在温暖生活的过程里，在那些对生活细小的爱里，生活这件事，拥有着温柔的光芒，不炙热滚烫，但暖和了岁月，轻柔了生命，多好。

{ 不要太着急，你的未来就在那里 }

在朋友眼里，我是一个没神经、没大脑，赚一块钱花两块浑浑噩噩过生活的人。我一般不在意，也觉得没什么大不了。人生嘛，就是笑笑别人，再让别人笑笑。

在我的心里，一直有一句十分俗气的话：成长，就是不断妥协的过程。说它俗气，因为太多人和我讲过这个道理，他们告诉我妥协的必要性和不可回避。我承认它是有道理的。可是我不愿意被别人告知。我喜欢自己去慢慢地一路走来，然后觉得这句话不是俗气的，而是真理。

有一朋友，跟我打电话的时候抱怨生活多累多苦，我很想跟他说少追求一点生活会不会轻松点，但还是笑了笑没说出口。现在这个社会，苦和累已经成了衡量一个人是否成功的标准，我怎么忍心剥夺他享受成功的喜悦呢？

我们都按自己的方式努力地生活着，或许有意义，或许毫无意义，这就是一种我思故我在的状态。10岁、20岁、30岁……不同的环境和心境，领悟都会改变。没有谁好谁坏，这就是成长。优秀的人是连成线的，你通过一个就能看到另一个。

周围的人，有的结婚了，有的出国留学，有的在拿到了丰厚的奖学金后读研……永远都有比你更高的分数，申到更好的学校，找到更高薪的工作，永远都在仰望别人的高度。但总觉得别人定义的快乐、成功、未来都不是自己的。起码，要尊重内心。这样的生活才是实实在在、一分一秒度过的。

我不确定别人身上闪闪发光的东西是不是我想要的生活。但我强大了许多，像混合着沙子、木屑的沙袋，却没人知道里面也放了柔软的棉花。"承认吧，小疯子，你这是在嫉妒。""哼，才不是嫉妒。""你就是在嫉妒……"呵呵，好吧，你就当我是在浮夸吧……

我们都曾经有过无数的选择，到最后的都是各自性格的宿命。要坚信各自都会到达对的地方，只要为我们的方向奋不顾身过，用尽全力。我们都为我们各自的收获付出了代价，不要羡慕也不要自卑，请每一天，更喜欢自己一些，或者说，每一天，都向着自己所崇拜的人，前进一点。

其实我不太喜欢听成功人士讲所谓的成功经验，总觉得每个人有每个人努力的方式，成功没有捷径，认真生活，我们都会拥有世界。人生到底该往哪儿走。每个人的答案都不同。

走到生命的哪一个阶段，都该喜欢那一段时光，完成那一阶段该完成的职责，顺生而行，不沉迷过去，不狂热地期待着未来，生命这样就好。不管正经历着怎样的挣扎与挑战，或许我们都只有一个选择：虽然痛苦，却依然要快乐，并相信未来。

我们不要焦急。我们30岁的时候，不应该去急50岁的事情，我们生的时候，不必去期望死的来临，这一切，总会来的。是的。我们就是现实版的SEX AND CITY。十指力赚，去买那么一朵钻石花，但绝不为了那么一朵钻石花，丢了自己，丢了人生。

我知道又有人要说我故作清高了，有时候我也在怀疑我所鄙视的一切是不是将来我将变成的一切。我的力量那么渺小，除了随波逐流还能做些什么呢？也许这个世界有太多的不尽如人意，但我一直相信这个世界是可爱的，我只是对自己失望，花都开好了，可我却叫不出它们的名字。我不去周游世界，但希望我的心中可以装下整个世界。

我信自己，而不是信路。我相信自己可以走通这条路，而不是相信这条路可以成全我。这才是人生。我只承认人格、爱和梦想。无关性别、财富、权力和其他。如果你还在为自己孤单寂寞、怀才不遇、举世皆浊我独醒而深深叹息的话，那么让我告诉你，你买不到那个彩票的，别再把你时间的积蓄两块、两块地花出去。人生若有知己相伴固然妙不可言，但那可遇而不可求，真的，也许既不可遇又不可求，可求的只有你自己。所以，不用去羡慕别人，你只是一直用自己的方式努力生活而已。

那个超出同龄人成熟的男生，我佩服你忍耐坚韧，也佩服你遇事沉着，思前想后的周到。只是我总觉得对权力、金钱有太强渴望的男人，让人害怕。但是，我多希望你最后能实现你的梦想。有梦想的人，我总是忍不住想听那心里生命的声音。不管你说的他说的这世界如何、这社会如何，我始终不怀疑生命的坚强。

每个生命里，都有对爱和梦想的渴望。每个人，都有自己努力的方式。不抱怨、不诉苦，最后渡过了这段感动自己的日子。不要着急，慢慢来，你会看到你的未来。